MikroComputer-Praxis

Herausgegeben von
Dr. L. H. Klingen, Bonn, Prof. Dr. K. Menzel, Schwäbisch Gmünd
Prof. Dr. W. Stucky, Karlsruhe

FRAMEWORK-Praxis für kaufmännische Berufe

Band 2: Modelle auf Programmebene

Von Dipl.-Wirtsch.-Ing. Claus Kühlewein, Karlsruhe
und Dipl.-Handelslehrer Karl Nüßle, Saulgau

Springer Fachmedien Wiesbaden GmbH 1990

FRAMEWORK ist ein eingetragenes Warenzeichen der Firma Ashton Tate, Frankfurt/Main.

CIP-Titelaufnahme der Deutschen Bibliothek
Kühlewein, Claus:
FRAMEWORK-Praxis für kaufmännische Berufe / von Claus
Kühlewein u. Karl Nüssle.
   (MikroComputer-Praxis)
NE: Nüssle, Karl:

Bd. 2. Modelle auf Programmebene. – 1990
   ISBN 978-3-519-09337-4   ISBN 978-3-663-12203-6 (eBook)
   DOI 10.1007/978-3-663-12203-6

Gesamtherstellung: Druckhaus Beltz, Hemsbach/Bergstraße
Einband: P. P. K, S-Konzepte T. Koch, Ostfildern/Stuttgart

Vorwort

Kaufmännische Anwendungen auf einem Personalcomputer mit Hilfe von Standardsoftware? Ist dieser Ansatz für die heutigen Anforderungen akzeptabel? Die beiden Autoren haben bereits im ersten Band den Nachweis geliefert, daß viele der routinemäßigen Berechnungen, die in kaufmännischen Berufen notwendig sind, mit relativ geringem Aufwand auf der Ebene eines Personalcomputers und einer integrierten Standardsoftware wie Framework erledigt werden können.

Der Personalcomputer ist aus den kaufmännischen Anwendungen heute nicht mehr wegzudenken. Er stellt immer mehr die kostengünstige Basis jeder elektronischen Datenverarbeitung dar. Insbesondere macht er den ausgebildeten EDV-Programmierer entbehrlich und liefert den Zugang zur schnellen und effektiven Informationsverarbeitung für jedermann/frau. Nur so ist es überhaupt möglich, die notwendige Breite der Anwendungen bei fehlenden EDV-Spezialisten zu gewinnen.

Während der erste Band bis auf einfache Makrostrukturen ganz ohne einen eigenen Programmieraufwand auskommen konnte, erweitert der hier vorgelegte Band nun den Horizont in den Bereich der direkten Anwendung in einer integrierten Programmierumgebung. Was hat man darunter zu verstehen? Framework ist zunächst das Beispiel für die wirkungsvolle Verbindung einer Textverarbeitung, Tabellenkalkulation, Business-Grafik und Dateiverwaltung in einer gemeinsamen Daten- und Konzeptumgebung.

Framework enthält als integriertes Standardpaket aber zusätzlich noch eine Programmiersprache FRED (Framework-Editor), mit dem sich die genannten Standardbausteine für sich allein und untereinander äußerst wirkungsvoll ausbauen lassen. Diese Möglichkeit wird nicht generell erforderlich sein. Das bedeutet, daß nicht jeder Anwender von Framework individuell durch die Hintertür wieder zum Programmierer werden muß.

Für den routinemäßigen, d.h. ständigen Einsatz eines integrierten Systems wie Framework bietet der zusätzliche Programmierbaustein jedoch die Möglichkeit, für Benutzergruppen, wie sie etwa im Bürobereich auftreten, einheitliche und automatisierte Arbeitsumgebungen zu schaffen. Ständig wiederkehrende Arbeitsvorgänge können so für unterschiedliche Anwender auf einheitliche Weise organisiert werden.

Die Programmierung unter Framework gestattet u. a. den einfachen und fehlerarmen Übergang zu anderen Standardsystemen wie dBASE oder MULTIPLAN. Auch der Datenex- und -import in Spezialsoftware wie Finanzbuchhaltung oder Personalverwaltung läßt sich damit elegant bewerkstelligen. Nicht zuletzt lassen sich unter FRED eigene Menüs entwickeln, um standardisierte Arbeitsumgebungen für die eigenen Anwendungen einsetzen zu können.

Nach den Benutzerhinweisen in Kapitel 1 werden dem Programmierneuling die gängigen Programmierstrukturen anhand einfacher Anwendungen dargelegt, um sich in die Grundlagen einer strukturierten Arbeitsweise hineinzufinden. Dem Einsteiger ist anzuraten, die angebotenen Beispiele konsequent durchzuarbeiten, um zu einem klaren Programmierstil zu kommen. Sorgfalt lohnt sich hier ganz besonders.

Im Kapitel 3 werden dann die Besonderheiten von FRED vorgestellt. Auch der erfahrene Programmierer muß sich auf die recht eleganten Aspekte der FRED-Programmierung und das Zusammenspiel mit den Standardoptionen von Framework erst einstellen, um davon optimal profitieren zu können. Kapitel 4 erläutert die externen Datenschnittstellen insbesondere zum Datenbanksystem dBASE. Auch zu anderen gängigen Standardsystemen bietet Framework wesentlich mehr als den bloßen Transfer über einen reinen ASCII-Code.

Im Kapitel KFZ-Verwaltung geht es nun mit dem Übergang von der Kommandoebene zur Programmebene in einem großen Beispiel richtig in die Vollen. In einer kompletten Fuhrparkverwaltung wird das automatische Zusammenspiel von Berichtstexten, Auswertungstabellen, grafischen Übersichten und Datenbanken der Fahrzeuge und Fahrer entwickelt. Wie auch bei den anderen Beispielen ist das komplette Modell auf der zugehörigen Diskette verfügbar.

Der Leser hat die Möglichkeit, den Modellaufbau schrittweise nachzuvollziehen und auch eigene Modifikationen und Ergänzungen vorzunehmen. Die Programmumgebung läßt sich später dann auch auf andere Anwendungen übertragen. Die in diesem Projekt entwickelten Programmstandards sind vom speziellen Inhalt der Datenbanken unabhängig, d. h. auch auf andere kaufmännische Aufgaben übertragbar.

Das sechste Kapitel Finanzplanung bietet dem Leser wiederum nicht nur eine komfortable Abwicklung für die Standardmethoden der Abschreibung und Darlehenstilgung an, sondern entwickelt ganz allgemeine Programmethoden zum automatischen Laden von Programmen über eine eigene Menütechnik. Damit gewinnt der Leser einen universellen Ansatz, um eigene Anwendungen unabhängig von deren speziellem Inhalt in eine automatisierte Arbeitsumgebung umzusetzen.

Was gewinnt der Anwender mit den in diesem Band dargelegten Programmiermodellen unter einem integrierten System wie Framework? Gegenüber den sonstigen Programmierstandards kann er/sie auf die mächtigen Grundbausteine von Framework aufbauen. Fragen der oft mühsamen Eingaberoutinen oder der Darstellung in Tabellen- und Datenbankschemata kann er/sie von vornherein völlig vergessen, sie sind im Grundsystem fehlerfrei verfügbar.

Aus der Sicht der reinen Kommandoebene von Framework bieten sich deutliche Verbesserungen für den routinemäßigen Einsatz an. Es geht dabei nicht nur darum, ständig wiederkehrende Arbeits- d. h. Kommandovorgänge in einem übergeordneten FRED-Programm automatisieren zu können, sondern aus der statischen Kommandoebene in die dynamische Programmebene aufzusteigen. Damit wird nicht nur kostbare Zeit eingespart, sondern die Fehleranfälligkeit langer Kommandoabläufe vermieden.

Es sei nochmals unterstrichen, daß der Programmierhintergrund nicht Sache des einzelnen Benutzers sein kann. Im Prinzip soll der direkte Anwender bei seiner laufenden Arbeit von den übergeordneten und übergreifenden Programmteilen gar nichts bemerken. Die hier vorgestellte FRED-Programmierung kann vielmehr die Arbeit der einzelnen Benutzer in einen komfortablen und automatisierten Rahmen einbetten.

Zum Abschluß sei noch angemerkt, daß die hier unter Framework entwickelten Methoden für die beruflichen Schulen weitgehende Möglichkeiten anbieten. Für die Grundausbildung aller Schüler lassen die Standardbausteine eines integrierten Systems die Konzentration auf die kaufmännischen Inhalte ohne einen Zwang zum ständigen Wechsel zwischen verschiedenen Benutzeroberflächen und Kommandoebenen zu. Für die weitergehende strukturelle Ausbildung im Rahmen einer modernen elektronischen Datenverarbeitung lassen sich dann in der gleichen Softwareumgebung Programmiermethoden zwanglos einführen.

Schwäbisch Gmünd, im Sommer 1990

Dr. Klaus Menzel für die Herausgeber der MCP-Reihe

Inhaltsverzeichnis

1. Benutzerhinweise

1.1 Inhaltliche Konzeption

Im ersten Band der FRAMEWORK-Praxis befindet sich ein Repetitor, d. h. eine Einführung in wesentliche FRAMEWORK-Elemente. Damit könnnen Sie Ihre FRAME-WORK-Kenntnisse auffrischen.

Nun könnte man auch Grundkenntnisse in der Programmierung von FRAMEWORK voraussetzen. Wir wollen den Bogen jedoch nicht überspannen.

Wir halten es für wichtig, Sie mit den grundlegenden Möglichkeiten der Programmiertechnik in FRAMEWORK vertraut zu machen. Deshalb beginnt Band 2 mit Beispielen zu den einzelnen Programmstrukturen.

Danach finden Sie Modelle, mit denen exemplarisch gezeigt wird, wie FRAMEWORK bei der Analyse und Planung betriebswirtschaftlicher Probleme eingesetzt werden kann.

Beim Datenaustausch mit anderen Programmen wird insbesondere auf Multiplan und dBASE eingegangen, da diese beiden Programme im deutschsprachigen Raum stark verbreitet sind.

Wenn Sie FRAMEWORK im Rahmen der Datenfernübertragung einsetzen wollen, dann entnehmen Sie bitte die notwendigen Informationen den Handbüchern. Es würde den Rahmen der beiden vorliegenden Bände sprengen, auch noch auf die Telekommunikation einzugehen.

1.2 Anwendungsdisketten

Die vorgestellten Beispiele befinden sich auf den Anwendungsdisketten.

Wie in Band 1 beginnt der Name des jeweiligen Konzepts mit einer zweistelligen Ziffer. Im ersten Band sind die Modelle mit den Nummern 01 bis 24 versehen. Der Name des ersten Konzepts von Band 2 beginnt mit der Ziffer 25. Es handelt sich um das Konzept 25LINEAR.

Dieses Konzept enthält mehrere selbständige Programme. Sie sind alle von linearer Struktur. Entsprechend fassen auch die übrigen Konzepte eine Reihe von verschiedenen Programmen unter einem gemeinsamen Oberbegriff zusammen.

Sie können das einzelne Programm innerhalb des jeweiligen Konzepts starten. Ist Ihnen die Struktur eines Konzepts jedoch zu komplex, so müssen Sie das gewünschte Programm nur aus dem Konzept herauskopieren, und Sie erhalten eine einfachere Struktur.

1.3 Programmübersicht

Zu Beginn der Beschreibung eines Konzeptes sind jeweils die im Konzept verwendeten Programme aufgelistet.

1.4 Sonstiges

Sie haben bereits in Band 1 den Programmierbereich kurz gestreift. Mit einer ganzen Reihe von Makros haben Sie Befehle der Kommandoebene miteinander kombiniert und damit das Handling wesentlich vereinfacht.

Im zweiten Band lernen Sie die Programmiertechnik systematisch kennen.

Wir wollen Sie dabei nicht mit vielen Details der Theorie der Programmierung langweilen. Sie sollen an konkreten Beispielen sehen, wie Sie FRAMEWORK auf der Programmierebene einsetzen können.

Der theoretische Hintergrund wird deshalb absichtlich kurz gehalten. Das Lernen soll sich hier mehr am konkreten Tun als in der theoretischen Deduktion entwickeln.

Sie müssen Ihren Entwicklungsdrang in keinster Weise einschränken. Sie können die vorgestellten Modelle nach Belieben ausweiten und verbessern.

Wenn Sie Programmiererfahrung aus anderen Programmen besitzen, dann dürften die verschiedenen Arten, wie Sie in FRAMEWORK Formeln kombinieren können, für Sie von besonderem Interesse sein. Sie können Formeln in ganzen Frames, in Zellen von Tabellen und hinter Feldnamen von Datenbanken ablegen. Außerdem können Sie programmgesteuert Texte, Tabellen, Datenbanken und grafische Darstellungen miteinander kombinieren.

Sie haben damit ausgezeichnete Möglichkeiten der Datenintegration.

2. Programmstrukturen

Modelle	Dateien
2.1 Lineare Struktur	25LINEAR
2.2 Zyklische Struktur	26ZYKLUS
2.3 Alternativstruktur	27ALTERN
2.4 Unterablaufstruktur	28UP

  Datei: 25LINEAR

Programmübersicht

Programm-Nummer	Programm-Name	Problemstellung	Programmart
01	ZINSPRG	Kaufm. Zinsrechnung	Text-Frame-orientiert Ausgabe: Nachrichtenzeile
02	ZINSTAB	Kaufm. Zinsrechnung	Zellen-orientiert Ausgabe: Tabelle
03	KOMBI PRG1	Kaufm. Zinsrechnung	Text-Frame-orientiert Ausgabe: Tabelle *ohne* lokal definierte Variablen
04	PRG2	Kaufm. Zinsrechnung	Text-Frame-orientiert Ausgabe: Tabelle *mit* lokal definierten Variablen
05	PRGTAB	Kaufm. Zinsrechnung	Tabellen-Frame-orientiert Ausgabe: Tabelle
06	KALKTAB	Kalkulation zur DEMO von Rundungsfehlern	Zellen-orientiert Ausgabe: Tabelle
07	PRGTAB	Kalkulation	Tabellen-Frame-orientiert Ausgabe: Tabelle
08	RUNDTAB	Fünfer-Rundung	Zellen-orientiert Ausgabe: Tabelle

Erklärungen:

Text-Frame-orientiert: Das Programm arbeitet im Formelhintergrund eines Textframes.

Tabellen-Frame-orientiert: Das Programm arbeitet im Formelhintergrund eines Tabellen-Frames.

Zellen-orientiert: Das Programm arbeitet in den Zellen eines Tabellen-Frames.

Damit Sie Ihre Aufmerksamkeit ganz auf die unterschiedlichen Lösungsansätze richten können, wird die lineare Programmstruktur an einer einfachen Aufgabe beschrieben. Es handelt sich um die Zinsrechnung mit der kaufmännischen Zinsformel.

Lösungsstrategien

Dieses Modell vermittelt Ihnen eine Vorstellung davon, wie Sie in FRAMEWORK Programme auf ganz unterschiedliche Art und Weise erstellen können.

Es bieten sich drei unterschiedliche Lösungsstrategien an.

Strategie 1: Frame-orientiertes Programm mit Ausgabe in der Nachrichtenzeile

Sie erstellen ein kurzes lineares Programm mit FRED, dem Editor von FRAMEWORK.

Ein FRED-Programm wird komplett in den Formelhintergrund eines Frames geschrieben. Man kann es deshalb als frame-orientiert bezeichnen.

Die Eingabe- und die Ergebnisdaten erscheinen in zwei starr fixierten Zeilen am unteren Bildschirmrand, der Editier- und der Nachrichtenzeile.

Der Anwender wird beim Handling vom Programm geführt.

Dabei können Sie die Daten nur momentan, also isoliert, wahrnehmen. Die Eingabedaten sehen Sie nur während der Editierung und das Ergebnis nur am Schluß des Programmlaufs.

Strategie 2: Zellen-orientiertes Programm

Diesen Nachteil vermeiden Sie, wenn Sie das Programm aufteilen, indem Sie es dezentralisieren. Sie legen die Ein- und Ausgabedaten und die Formelteile in einer Tabelle in verschiedenen Zellen, also an unterschiedlichen Stellen, ab.

Mit diesem Vorgehen strukturieren Sie das Programm durch die Aufteilung in einzelne Zellen.

Bei einem auf diese Art erstellten Programm müssen Sie jedoch beim Programmlauf auf die Bedienerführung verzichten.

Diese zweite Möglichkeit dürfte sich für den sachkundigen Mitarbeiter eignen.

Strategie 3: Frame-orientiertes Programm mit Datenablage in einer Tabelle

Es steht Ihnen noch eine dritte Möglichkeit zur Verfügung. Sie können die Methoden 1 und 2 miteinander kombinieren, d. h. ein zentrales Programm mit FRED erstellen, jedoch für die Datenablage eine Tabelle verwenden.

Das Programm können Sie im Formelhintergrund eines Textframes ablegen. Sie können es aber auch direkt im Formelhintergrund der Tabelle unterbringen, in welcher die Ein- und Ausgabedaten stehen.

Mit der ersten Strategie beschreiten Sie den üblichen Weg konventioneller Programmiersprachen. Die beiden anderen Möglichkeiten zeigen Ihnen, wie flexibel Sie in FRAMEWORK mit FRED Probleme angehen können.

Das **Konzept 25LINEAR** enthält neben den verschiedenen Versionen des Zinsproblems zwei weitere Aufgabenstellungen:

- An einer einfachen Kalkulationsaufgabe werden Formatprobleme gezeigt, bei deren Ignorierung Ausgabefehler entstehen können.

- Am Schluß sehen Sie eine weniger bekannte Art, wie FRAMEWORK runden kann.

Erstellen Sie das **Konzept 25LINEAR:**

```
=[25LINEAR]=========================================================
      1 ZINSPRG
      2 ZINSTAB
      3 KOMBI
        3.1 PRG1
        3.2 PRG2
        3.3 TAB
        3.4 PRGTAB
      4 KALK
        4.1 KALKTAB
        4.2 PRGTAB
      5 RUNDTAB
```

Bild 2.1.A Konzeptstruktur

Bei den mit TAB endenden Frames handelt es sich um Tabellen, bei den übrigen um Leer-/Textframes.

Lassen Sie die einzelnen Frames über das Menü *Frames* und dem Punkt *'Durch-numerieren der Namen'* mit Nummern versehen.

Hinweise zur Entwicklung der Programme

- Sie finden das komplette Konzept auf der Anwendungsdiskette. Damit die unterschiedlichen Programme zur linearen Programmstruktur zusammenhängend gespeichert und geladen werden können, wurden sie in einem Konzept zusammengefaßt.

- Wenn Sie noch relativ wenig Erfahrung im Umgang mit der FRED-Programmierung besitzen, können Sie die einzelnen Programme auch ohne deren Einbindung in das **Konzept 25LINEAR** entwickeln.

- Wollen Sie das Ergebnis Ihrer Programmierung mit dem gespeicherten Programm vergleichen, dann kopieren Sie die Programme aus dem Konzept heraus. Sie wissen noch, wie das geht?

  Sie wollen z. B. den dritten Teil des Konzepts, das Teilkonzept KOMBI aus dem **Gesamtkonzept 25LINEAR** herauskopieren.

Gehen Sie wie folgt vor:

(1) Stellen Sie den Cursor auf den Rand des Frames KOMBI.

(2) Leiten Sie den Kopiervorgang durch Drücken der Taste <F8> ein.

(3) Bewegen Sie den Cursor aus dem Gesamtkomzept 25LINEAR mit
    der Taste <Num-> heraus .

(4) Bestätigen Sie den Kopiervorgang mit <Return>

Das **Teilkonzept KOMBI** zeigt nach dem Kopiervorgang folgende Konzeptstruktur:

```
┌─[KOMBI]─────────────────────────────────────────────┐
│        1 PRG1                                        │
│        2 PRG2                                        │
│        3 TAB                                         │
│        4 PRGTAB                                      │
└─────────────────────────────────────────────────────┘
```

Bild 2.1.B Teilkonzept

Durch das Herauskopieren aus dem Gesamtkonzept sind die Frames eine Niveaustufe höher angesiedelt als im Gesamtkonzept.

Strategie 1: Frame-orientiertes Programm mit Ausgabe in der Nachrichtenzeile
Programm 01: ZINSPRG

Problemstellung

Erstellen Sie das **Programm ZINSPRG** in konventionellem Sinn mit strenger Anwenderführung.

Der Zins wird auf kaufmännische Art berechnet.

Problemanalyse

- Programmname: ZINSPRG
- Ausgabedaten: Zins
- Eingabedaten: Kapital, Zinsfuß, Tage
- Variablen: Kapital, Zinsfuß, Tage, Zins
- Rechengang: Zins := Kapital * Tage * Zinsfuß / 36000
- Ausgabeformat: Währung

Aufgaben einer Problemanalyse

Wie Sie am **Programm ZINSPRG** sehen, werden in der Problemanalyse insbesondere folgende Punkte geklärt:

- Welchen Namen erhält das Programm?
- Welche Daten sind auszugeben?
- Welche Daten werden eingegeben?
- Welche Variablen kommen zum Einsatz?
- Mit welchem Rechengang (Formel) gelangt man zum Ergebnis?

Struktogramm

| Eingabe Kapital als String |
| Eingabe Zinsfuß als String |
| Eingabe Tage als String |
| Umwandlung Kapital in numerisches Format |
| Umwandlung Zinsfuß in numerisches Format |
| Umwandlung Tage in numerisches Format |
| Berechnung Zins |
| Löschen Ausgabezeile |
| Ausgabe Zins in Währungsformat |

Gliederungstiefe eines Struktogramms

Ein Struktogramm hat insbesondere **zwei Aufgaben:**

1. Es soll ein Programm **portabel** machen, d. h. ein Lösungsansatz wird so erstellt, daß er mit unterschiedlichen Programmiersprachen realisiert werden kann. Dies bedingt jedoch, daß das Struktogramm keine typischen Eigenarten eines bestimmten Programms zum Inhalt haben darf.

2. Außerdem dient das Struktogramm der **übersichtlichen Darstellung** einer Problemlösung. Hierbei kommt es nicht auf einzelne Details sondern auf die hauptsächliche Struktur eines Lösungsansatzes an. Dieser soll auf übersichtliche Weise transparent gemacht werden.

Der **Genauigkeitsgrad** der Übereinstimmung von Programm-Code und Struktogramm läßt sich nur dann exakt definieren, wenn eine Eins-zu-Eins-Entsprechung vorliegt. Dabei ist zu beachten, daß ein Struktogramm in solcher Ausführlichkeit nicht mehr portabel ist.

In allen anderen Fällen bleibt es dem betreffenden Organisator überlassen, zu entscheiden, welche Übereinstimmung er - gemessen am konkreten Sachverhalt - für zweckdienlich und sinnvoll hält.

Die Programmzeile 1 des FRED-Codes von **Programm ZINSPRG** ist deshalb im Struktogramm nicht aufgeführt.

Auf die Zeilen 4 bis 6 des Struktogramms könnte man verzichten. Dieser Teil beinhaltet eine Umwandlung des Formats. Des weiteren könnte der vorletzte Strukturblock entfallen.

Vorgehensweise beim Codieren des Programms mit FRED

- Positionieren Sie den Cursor auf dem Rand des Frames, welcher das Programm aufnehmen soll, im konkreten Fall auf dem Rand des **Frames ZINSPRG.**

- Drücken Sie die Taste <F2> FORMEL EDITIEREN. Sie gelangen damit in den Formelhintergrund des Frames.

- Wenn Ihr Programm mehrzeilig ist, dann zoomen Sie den Formelhintergrund mit der Taste <F9> ZOOM. Sie haben damit den ganzen Bildschirm für das Schreiben des Programms zur Verfügung

Geben Sie folgendes Programm ein, wobei Sie den Strichpunkt, welcher einen Programmkommentar anzeigt, und die Zeilennummer nicht abtippen müssen:

Codierung

```
§local (Kapital, Tage, Zinsfuß, Zins),                         ; 1
Kapital := §inputline("Kapital ","1000",#no,#yes,#yes),        ; 2
Tage := §inputline("Tage ","360",#no,#yes,#yes),              ; 3
Zinsfuß := §inputline("Zinsfuß","7.5",#no,#yes,#yes),         ; 4
Kapital := §value(Kapital),                                    ; 5
Tage := §value(Tage),                                          ; 6
Zinsfuß := §value(Zinsfuß),                                    ; 7
Zins := Kapital * Tage * Zinsfuß/36000,                        ; 8
§eraseprompt,                                                  ; 9
§prompt ("Der Zins beträgt " & §currency(Zins) & ".",30)      ;10
```

Die Funktion §local

Syntax:	§local(Variable, Variable, ..., Variable)
Beispiel:	§local(Kapital, Tage, Zinsfuß, Zins),

Mit der Funktion §local definieren Sie **lokale Variablen.** Diese gelten nur in dem Programm, in dem sie stehen. Ihre Wirkung ist also auf einen einzigen Frame, eine einzige Tabelle oder eine Zelle bzw. ein Feld beschränkt.

Nach dem Programmstart haben die lokalen Variablen zunächst den numerischen Wert Null. Im folgenden Programmteil kann einer solchen Variablen jede Art von Wert (z. B. String, logisch) zugewiesen werden.

Die Funktion §inputline

Syntax:	§inputline(Nachricht, Vorgabe, Cursor, Löschen, Anfang)
Beispiel:	§inputline("Kapital", "1000", #no, #yes, #yes)

Die Funktion §inputline ohne Zusatz fordert zur **Eingabe** in der Editierzeile ohne Nachricht und ohne Vorgabe auf. Die Eingabe erfolgt als String.

Sie können einer Variablen einen Wert zuweisen, dann ergibt sich
z. B.: Kapital := §inputline

Bis zu fünf Parameter können Sie der Funktion §inputline beifügen.

Beispiel:

```
Kapital := §inputline("Kapital ","1000", #no, #yes, #yes),
```

Dabei müssen Sie folgende Reihenfolge einhalten:

Parameter	Bedeutung
Nachricht	String, der in der Nachrichtenzeile erscheint, z. B. "Kapital"
Vorgabe	String, welcher in der Editierzeile als Vorgabe erscheint z. B. "1000"
Cursor	Standard: #no #yes: Sie können beim Editieren mit der Taste <Pfeilauf> die Cursormethode anwenden.
Löschen	Standard: #no #yes: Der Vorgabetext in der Editierzeile wird automatisch gelöscht, wenn bei der Editierung zuerst eine andere als die Pfeiltaste gedrückt wird.
Anfang	Standard: #no #yes: Der Cursor wird auf das erste zu editierende Zeichen gesetzt.

Die Funktion §value

Syntax: §value(String)
Beispiel: §value(Kapital)

Die Funktion §inputline liefert Eingaben im String-Format. Dies ist
aus Plausibilitätsgründen bei der Eingabe notwendig.

Dami tman mit eingegebenen Werten rechnen kann, müssen sie mit
der Funktion §value in ein **numerisches Format** umgewandelt werden.
Dies geschieht mit den Befehlen 5 bis 7 im Programm ZINSPRG.

Die Funktion §eraseprompt

Syntax: §eraseprompt
Beispiel: §eraseprompt

Die Funktion §eraseprompt löscht eine Meldung in der Nachrichtenzeile.

Die Funktion §prompt

Syntax: §prompt(Nachricht, Abstand)
Beispiel: §prompt("Der Zins beträgt " §currency(Zins) & ".",30)

Mit der Funktion §prompt können Sie **Nachrichten** bzw. Hinweise in
der Nachrichtenzeile **ausgeben.**

Damit die Nachricht nicht linksbündig in die Nachrichtenzeile geschrieben wird, sollten Sie den Abstand vom linken Rand angeben.

Im Beispiel erscheint der Text ab der 30. Stelle vom linken Bildschirmrand ausgehend.

Die Funktion §currency

Syntax: §currency(Zahl, Stellen)
Beispiel: §currency(Zins)

Die Funktion §currency wandelt eine Zahl in einen String mit
Währungssymbol, Dezimalkomma, sowie Tausenderpunkten um. So ergibt z. B. §currency(20000) in formatierter Darstellung 20.000,00 DM.

Wenn Sie zusätzlich einen Parameter angeben, rundet die Funktion
auf die angegebene Anzahl der Stellen. Positive Werte beziehen sich
auf Nachkommastellen, negative Werte auf Vorkommastellen.

So ergibt z. B. die Funktion §currency(12545.678,-3) das Ergebnis
13.000 DM und §currency(12.468,2) das Ergebnis 12,47 DM.

Ständiger Sichtkontakt zu den Daten

Beim **Programm ZINSPRG** haben Sie jeweils nur diejenigen Eingabe- bzw. Ausgabedaten unter Sichtkontakt, die Sie gerade bearbeiten.

Übersichtlicher läßt sich das Zinsproblem mit einer **Tabelle** darstellen. Dabei können Sie während der gesamten Arbeitsphase die jeweiligen Eingabewerte und den Ausgabewert sehen. Damit wird die Anwendung plausibel, d. h. Sie können noch nachträglich prüfen, ob Sie die richtigen Daten eingegeben haben.

Diese Anwendung scheint demnach sicherer als die zuerst vorgestellte Programmversion.

Wenn Sie sich dort bei der Eingabe vertippen, können Sie Ihren Fehler nur aufdecken, wenn Sie die Eingabedaten zur Kontrolle ein zweites Mal, dann aber fehlerfrei, eingeben. Dieses Kontrollverfahren ist jedoch umständlich und zeitaufwendig.

Bei einem **zellen-orientierten Programm** gibt es keine feste Anwenderführung. Sie müssen die Stellen, an welche Sie Eingaben schreiben, selbst anwählen. Dabei können Fehler entstehen, wenn Sie versehentlich Teile der Darstellung bzw. die Formel löschen.

Aber dies können Sie verhindern, indem Sie die entprechenden Zellen im Menü *Editieren* gegen Änderungen schützen.

Unter dem Aspekt der Programmsicherheit ist damit keine exakte Aussage darüber möglich, welches Verfahren vorzuziehen ist. Es kommt auf den Anwender an.

Für den wenig erfahrenen FRAMEWORK-Benutzer ist eine frame-orientierte Programmversion zu empfehlen, während der fortgeschrittene Anwender mehr Vorteile aus der Programm-Realisierung in einer Tabelle ziehen kann.

Strategie 2: Zellenorientiertes Programm
Programm 02: ZINSTAB

Für das Programm ZINSPRG mußten Sie zehn Zeilen FRED-Code schreiben. In der Tabelle ZINSTAB müssen Sie nur 4 Begriffe und eine einfache Formel eintragen.

Der Aufwand der zellen-orientierten Tabellenlösung gegenüber der frame-orientierten Programmlösung ist demnach wesentlich geringer.

Erstellen Sie die **Tabelle ZINSTAB**.

```
=[ZINSTAB]=====================================================
         A          B
  1 Kapital    1.000,00 DM
  2 Tage            360
  3 Zinsfuß         7,50
  4
  5 Zins        75,00 DM
```

Bild 2.1.C Zinsrechnung mit einer Tabelle

Tragen Sie in die Spalte A die angegebenen Begriffe ein. Die Zellen B1 und B5 formatieren Sie mit dem Menü *Zahlen* im *'Währungsformat'*, die Zelle B3 mit zwei Dezimalstellen im Format *'Feste Dezimalstellen'*.

In den Formelhintergrund von Zelle B5 tragen Sie die Zinsformel ein bzw. entwickeln diese mit der Cursor-Methode:

```
B1 * B2 * B3 / 36000.
```

Strategie 3, Version a1: Frame-orientiertes Programm mit Ausgabe in Zellen ohne konventionell definierte Variablen
Programm 03: PRG1

Wenn Sie beides haben wollen, eine zwingende Anwenderführung und einen ständigen Sichtkontakt zu sämtlichen Ein- und Ausgabedaten, dann kombinieren Sie die beiden eben vorgestellten Methoden.

Dazu dient der **Frame KOMBI** mit den **Unterframes PRG1** und **TAB.**

Geben Sie in den Formelhintergrund des **Textframes PRG1** folgenden
FRED-Code ein:

```
§setselection("TAB.B1"),                                        ; 1
TAB.B1 := §value(§inputline("Kapital","1000",#no,#yes,#yes)),; 2
TAB.B2 := §value(§inputline("Tage","360",#no,#yes,#yes)),    ; 3
TAB.B3 := §value(§inputline("Zinsfuß","7.5",#no,#yes,#yes)), ; 4
TAB.B5 := TAB.B1*TAB.B2*TAB.B3/36000                         ; 5
```

Als Ausgabemedium dient die **Tabelle TAB:**

```
┌[TAB]══════════════════════════════════════════════════════════╗
║          A          B                                          ║
║ 1 Kapital    3.214,00 DM                                       ║
║ 2 Tage            360                                          ║
║ 3 Zinsfuß        7,50                                          ║
║ 4                                                              ║
║ 5 Zins        241,05 DM                                        ║
╚════════════════════════════════════════════════════════════════╝
```

Bild 2.1.D Tabelle zur Datenanzeige eines Programms

Die Funktion §setselection

Syntax: §setselection("Frame-Name")
Beispiel: §setselection("TAB.B1)

Enthält die Funktion §setselction eine **Parameterangabe,** dann springt
der Cursor zur angegebenen Adresse.

Beispielsweise bringt §setselection("TAB.B1") den Cursor in Zelle B1
der Tabelle TAB.

Dieser Befehl ist in der vorliegenden Anwendung erforderlich, da Sie
das Programm PRG1 auf dem Rand des Frames PRG1 starten, die Daten jedoch auf dem Frame TAB erscheinen.

Sie könnten allerdings in der vorliegenden Anwendung ohne diese
Funktion auskommen, wenn Sie den Frame PRG1 so stark verkleinern
und TAB so weit vergrößern, daß beide gleichzeitig auf dem Bildschirm sichtbar sind. Sobald Sie jedoch mit einer umfangreicheren
Anwendung arbeiten, benötigen Sie die Funktion §setselection ohnehin. **Ohne Parameterangabe** liefert §setselection den Namen des
gegenwärtig ausgewählten Frames.

Kommentar zur Codierung von Programm PRG1

In den Programmzeilen 2 bis 5 weisen Sie die Eingabe- und Ergebnisdaten den entsprechenden Zellen zu.

Durch die Kombination der Funktionen §value und §inputline wird das standardmäßige String-Eingabeformat in ein numerisches umgewandelt. Die eigentlich notwendige Plausibilitätsprüfung entfällt aus Gründen der Übersichtlichkeit der Darstellung.

Sie arbeiten hier ohne konventionell definierte lokale Variablen, d. h. die einzelnen angesprochenen Zellen übernehmen den Part dieser lokalen Variablen.

Strategie 3, Version a2: Frame-orientiertes Programm mit Ausgabe in Zellen und mit konventionell definierten lokalen Variablen
Programm 04: PRG2

Wenn Sie jedoch unbedingt konventionell definierte lokale Variablen einsetzen wollen, gibt es auch dafür eine Lösung:

Verwenden Sie dazu das **Programm PRG2:**

```
§local(Kapital, Tage, Zinsfuß, Zins),                          ; 1
§setselection("TAB.B1"),                                       ; 2
Kapital  := §value(§inputline("Kapital","1000",#no,#yes,#yes)),; 3
TAB.B1   := Kapital,                                           ; 4
Tage     := §value(§inputline("Tage","360",#no,#yes,#yes)),    ; 5
TAB.B2   := Tage,                                              ; 6
Zinsfuß  := §value(§inputline("Zinsfuß","7.5",#no,#yes,#yes)), ; 7
TAB.B3   := Zinsfuß,                                           ; 8
Zins     := Kapital * Tage * Zinsfuß / 36000,                 ; 9
TAB.B5   := Zins                                              ;10
```

Kommentar zur Codierung

Dieses Programm zeigt genau dieselbe Wirkung wie das Programm PRG1. Es ist jedoch in gewisser Weise redundant, da die lokalen Variablen den einzelnen Zellen zugewiesen werden müssen, die ohnehin die Funktion von Variablen ausüben.

Strategie 3, Version b: Frame-orientiertes Programm im Hintergrund einer Tabelle mit Ausgabe in Zellen

Programm 05: PRGTAB

Sie müssen ein Programm nicht in einem Textframe unterbringen, während Sie die Ein- und Ausgabe durch Zellen einer Tabelle realisieren. Sie können das Programm auch direkt in den Formelhintergrund der betreffenden Tabelle schreiben.

Dazu dient die Anwendung **PRGTAB** im Teilkonzept KOMBI:

```
PRGTAB.B1 := §value(§inputline("Kapital","1000",#no,#yes,#yes)),;1
PRGTAB.B2 := §value(§inputline("Tage","360",#no,#yes,#yes)),     ;2
PRGTAB.B3 := §value(§inputline("Zinsfuß","7.5",#no,#yes,#yes)), ;3
PRGTAB.B5 := PRGTAB.B1 * PRGTAB.B2 * PRGTAB.B3/36000            ;4
```

Da das Programm im selben Frame untergebracht ist, in dem auch die Ausgabe erfolgt, benötigen Sie die Funktion §setselection nicht.

Unterscheiden Sie internes und optisches Rechenformat

Zur Darstellung der Zahlen können Sie im Menü *Zahlen* das Ausgabeformat festlegen. Sie können z. B. im Menü *Zahlen* das Format *'Feste Dezimalstellen'* mit 2 Nachkommastellen wählen.

Diese Formatierung bezieht sich jedoch nicht auf das interne Zahlenformat. Intern rechnet FRAMEWORK mit einer Genauigkeit von 15 Nachkommastellen.

Wenn Sie nur optisch und nicht zugleich auch intern dieselbe Anzahl von Nachkommastellen formatieren, können Fehler entstehen.

Dies zeigt das **Beispiel KALK** mit den **Unterframes KALKTAB** und **PRGTAB.**

Achten Sie bei kaufmännischen Problemen darauf, daß das interne Textformat mit dem Bildschirmformat übereinstimmt.

Formatfehler bei der Kalkulation

Programm 06: KALKTAB

Im Frame **KALKTAB** werden Fehler gezeigt:

```
┌─[KLAKTAB]══════════════════════════════════════════════════╗
║              A                    B       C       D       E   ║
║   1 Warenhandelskalkulation             optisch optisch intern║
║   2                                      gerundet gerundet gerundet║
║   3 ──────────────────────────────────────────────────────── ║
║   4                               Stück/% DM      DM      DM   ║
║   5 ──────────────────────────────────────────────────────── ║
║   6 Stückzahl                        3                        ║
║   7 Bruttoeinkaufspreis                 2000,00              ║
║   8 ──────────────────────────────────────────────────────── ║
║   9 Bruttoeinkaufspreis/Stück           666,67  666,667 666,67║
║  10 - Rabatt                      8,66   57,73   57,733  57,73 ║
║  11 ──────────────────────────────────────────────────────── ║
║  12 Zieleinkaufspreis                   608,93  608,933 608,94║
║  13 - Skonto                      3,00   18,27   18,268  18,27 ║
║  14 ──────────────────────────────────────────────────────── ║
║  15 Nettoeinkaufspreis                  590,67  590,665 590,67║
║  16 ════════════════════════════════════════════════════════ ║
║  17                                      Fehler! Fehler! richtig!║
╚══════════════════════════════════════════════════════════════╝
```

Bild 2.1.E Formatierungsfehler

Um nicht von der Fehlerproblematik abzulenken, wurde bei dieser Tabelle auf die klare Trennung zwischen Ein- und Ausgabebereich verzichtet.

Eingegeben werden Daten in die Zellen B6, B10, B13 und C7.

Die Rechenformeln im Formelhintergrund der folgenden Zellen der Spalte C lauten:

Zelle	Inhalt	Formel
C9	Bruttoeinkaufspreis je Stück	$C7 / $B6
C10	Rabatt in DM	C9 * $B10 / 100
C12	Zieleinkaufspreis	C9 - C10
C13	Skonto in DM	C12 * $B13 / 100
C15	Nettoeinkaufspreis	C12 - C13

Die Spalte C formatieren Sie im Menü *Zahlen* mit zwei festen Dezimalstellen. Als Bruttoeinkaufspreis pro Stück wird der Betrag von 666,67 DM ermittelt. Subtrahieren Sie davon den Rabatt in Höhe von 57,73 DM, ergibt sich der Zieleinkaufspreis in Höhe von 608,94 DM.

Ein Pfennig Differenz

FRAMEWORK schreibt jedoch in der Zelle C12 den Betrag von 608,93 DM, also einen Pfennig zu wenig.

Ein weiterer Fehler ergibt sich in der Spalte C beim Abzug des Skontobetrags.

Sie können die **Fehlerursache** leicht **lokalisieren**, wenn Sie die Spalte C einmal nach rechts kopieren und diese Spalte dann mit drei Nachkommastellen formatieren.

Sie erkennen, daß FRAMEWORK genauer rechnet als in Spalte C ausgewiesen. Aber auch hier sind Fehler entstanden, jetzt allerdings in der 3. Nachkommastelle.

Die Fehler entstehen dadurch, daß FRAMEWORK mit einem internen Format von **15 Nachkommastellen** rechnet, die Ausgabe jedoch nur mit zwei Nachkommastellen durch die Wahl im Menü *Zahlen* erfolgt.

Vermeiden Sie Fehler durch Begrenzung des internen Zahlenformats

Die große Genauigkeit, mit der FRAMEWORK rechnet, ist zwar generell wünschenswert. Bei kaufmännischen Anwendungen muß jedoch die Ausgabe auf den Pfennig genau stimmen. Dabei wird in Kauf genommen, daß weniger genau gerechnet wird.

Die nicht erwünschten Nachkommastellen im internen Format können Sie mit der **Funktion §round** entfernen.

Schreiben Sie in eine beliebige Zelle einer Tabelle die Formel:

```
§round(2/3,2)
```

Formatieren Sie die Zelle mit 8 Nachkommastellen, so erhalten Sie die Ausgabe:

```
0.67000000
```

Sie sehen daran, daß das interne Format jetzt mit dem erwünschten Ausgabeformat übereinstimmt.

In der Spalte E der Tabelle TAB wurde die Funktion §round verwendet. Wie Sie sehen, sind damit die Rechenergebnisse stimmig geworden.

Die Funktion §round

Syntax: §round(Ausdruck, Dezimalstellen)
Beispiel: §round(2/3, 2)

Mit der Funktion §round wird ein Ausdruck im internen Rechenformat nach den kaufmännischen Regeln auf die angegebenen Dezimalstellen gerundet.

Ausweitung der Kalkulationstabelle

Die Tabelle TAB hat vor allem Demonstrationscharakter zum Aufzeigen von Formatproblemen.

Wenn Sie jedoch den Inhalt von Spalte E in Spalte C übertragen und danach die Spalten D und E entfernen, dann haben Sie einen Lösungsansatz für Kalkulationsprobleme im Warenhandel, den Sie ohne weiteres ausbauen können.

Nachteilig wirkt sich hier allerdings aus, daß der Bediener die einzelnen Zellen aufsuchen muß, in die er Daten einzugeben hat.

Frame-orientiertes Kalkulationsprogramm mit Datenablage in Zellen
Programm 07: PRGTAB

Wenn Sie die Eingabe der Daten nacheinander vollziehen, also nicht gezielt nur einzelne Daten an bestimmten Positionen eingeben wollen, etwa im Sinne einer Entscheidungsfindung, dann bietet sich die programmgesteuerte Eingabe und Ergebnisermittlung an.

Dazu dient der Frame **PRGTAB** im Teilkonzept KALK:

```
┌─[PRGTAB]════════════════════════════════════════════════
│                        A              B        C
│  1 Warenhandelskalkulation                     DM
│  2
│  3 ─────────────────────────────────────────────────────
│  4 Stückzahl                             5
│  5 Bruttoeinkaufspreis                         3000,00
│  6 ─────────────────────────────────────────────────────
│  7 Bruttoeinkaufspreis/Stück                    600,00
│  8 Rabatt                             25,00      150,00
│  9 ─────────────────────────────────────────────────────
│ 10 Zieleinkaufspreis                            450,00
│ 11 Skonto                              4,00       18,00
│ 12 ─────────────────────────────────────────────────────
│ 13 Nettoeinkaufspreis                           432,00
│ 14 ═════════════════════════════════════════════════════
```

Bild 2.1.F Output bei programmgesteuerter Dateneingabe

Es handelt sich inhaltlich um dieselbe Tabelle wie KALKTAB im Teilkonzept KALK, allerdings ohne die Spalten D und E.

In den **Formelhintergrund von PRGTAB** geben Sie folgenden FRED-Code ein:

```
;Start mit <F5>                                          ; 1
B4  := §value(§inputline("Stückzahl")),                 ; 2
C5  := §value(§inputline("Bruttoeinkaufspreis")),       ; 3
C7  := §round(C5/B4,2),                                  ; 4
B8  := §value(§inputline("Rabattsatz")),                ; 5
C8  := §round(C7*B8/100,2),                              ; 6
C10 := C7-C8,                                            ; 7
B11 := §value(§inputline("Skontosatz")),                ; 8
C11 := §round(C10*B11/100,2),                            ; 9
C13 := C10-C11                                           ;10
```

Kommentar zum Programmcode

Die erste Programmzeile weist den Anwender im linken Teil der Statuszeile darauf hin, daß die Anwendung mit der Funktionstaste <F5> zu starten ist.

Nach dem Start werden die numerischen Werte der Tabelle mit strenger Bedienerführung Schritt für Schritt aufgebaut.

Fünfer-Rundung
Programm 08: RUNDTAB

Das Runden mit der Funktion §round erlaubt auch die weniger bekannte Modalität der Fünfer-Rundung.

In der Budget-Verteilungsrechnung kommt es vor, daß auf Beträge von 500 und 1000 gerundet wird. Auch diese Aufgabe können Sie mit der Funktion §round lösen.

Dies zeigt folgende Tabelle **RUNDTAB**:

```
=[RUNDTAB]=
         A          B
  1 ungerundeter-   Betrag nach der
  2 Betrag          Fünfer-Rundung
  3 ──────────────────────────────
  4    10.000          10.000
  5    10.100          10.000
  6    10.200          10.000
  7    10.300          10.500
  8    10.400          10.500
  9    10.500          10.500
 10    10.600          10.500
 11    10.700          10.500
 12    10.800          11.000
 13    10.900          11.000
 14    11.000          11.000
```

Bild 2.1.G Fünfer-Rundung

Zwischen ungerundetem und gerundetem Betrag bestehen folgende Beziehungen:

Ungerundeter Betrag		Gerundeter Betrag
von	bis	
9.750	10.249	10.000
10.250	10.749	10.500
10.750	11.249	11.000
11.250	11.749	11.500
usw.		

Es wird jeweils auf fünf volle Hunderter gerundet.

So erzeugen Sie den Inhalt der Tabelle RUNDTAB:

- Tragen Sie in die Zelle A4 den Wert 1000 ein und in die Zelle A5
  die Formel: A4 + 100
- Kopieren Sie diese Formel nach unten bis in die Zelle A14.
- In die Zelle B4 geben Sie die Formel ein: §round(A4 / 500) * 500
- Kopieren Sie auch diese Formel nach unten bis in die Zelle B14.

Wählen Sie die jeweils geeignete Programmiermethode

Sie haben ein ganzes Bündel an Methoden der FRED-Programmierung
kennengelernt.

Verwenden Sie bei jeder Anwendung die zur Situation und zum Anwender passende Methode.

In den folgenden Modellen wird insbesondere das frame-orientierte
Verfahren verwendet.

Sie sollten dabei jedoch im Auge behalten, daß ein Problem häufig
einfacher mit einem zellen-orientierten Programm gelöst wird.

2.2 Zyklische Struktur   Datei: 26ZYKLUS

P r o g r a m m ü b e r s i c h t

Programm- Nummer	Programm- Name	Problemstellung
09	REIHEPRG STATISCH1	Arithmetische Reihe mit starren Grenzwerten Entwicklung mit konventionellem Programm
10	VARIABEL	Arithmetische Reihe mit variablen Grenzwerten Entwicklung mit konventionellem Programm
11	REIHEFUNK STATISCH2	Arithmetische Reihe mit starren Grenzwerten Entwicklung mit einer Funktion
12	DYNAMISCH	Arithmetische Reihe mit variablen Grenzwerten Entwicklung mit einer Funktion und dynamischen Formeln
13	LOKALTAB	Arithmetische Reihe mit variablen Grenzwerten Entwicklung durch Kopieren einer Formel
14	REPTTAB	Generieren einer waagrechten Linie in einer Tabelle Entwicklung mit einer Funktion
15	REPTTXT	Generieren einer senkrechten Linie in einem Textframe Entwicklung mit einer Funktion
16	SORTEN	Umrechnung von Sorten mit Divisor 100
17	NEST1TAB	Zukunftswert einer einmaligen Zahlung
18	NEST2TAB	Zukunftswert von gleichbleibenden Einzahlungen je Periode

Die Schleife ist eine elementare Programmstruktur. Zu ihrer Realisierung stellt FRAMEWORK nur eine einzige Funktion zur Verfügung. Es handelt sich um die **Funktion §while.**

Andere Programmiersprachen weisen hier eine größere Vielfalt auf. In Turbo-Pascal z. B. gibt es gleich drei Funktionen zum Aufbau von Schleifen: Die **FOR-, die REPEAT- und die WHILE-Schleife.**

Bei genauerer Betrachtung erkennen Sie jedoch, daß die **REPEAT-Schleife** nicht für alle Anwendungsfälle geeignet ist, da bei ihr die Bedingungsprüfung am Schleifenende steht. Der Schleifenkörper wird damit auf alle Fälle mindestens einmal abgearbeitet, auch wenn dies im Widerspruch zur Schleifenbedingung steht. Dies kann zu Fehlern führen.

Die **FOR-Schleife** kann ohne weiteres durch die **WHILE-Schleife** ersetzt werden.

Der scheinbare Verzicht von FRAMEWORK auf weitere Schleifenfunktionen im Vergleich zu Turbo-Pascal bedeutet also inhaltlich überhaupt keine Einschränkung.

Mit der **WHILE-Schleife** steht die **leistungsstärkste der drei Schleifenfunktionen** zur Verfügung. In diese Funktion können die beiden übrigen ohne Einschränkung der Anwendungsmöglichkeiten subsumiert werden. Sie ziehen als Programmierer aus dieser Beschränkung auf eine einzige Schleifenfunktion in FRAMEWORK sogar noch einen Vorteil: Sie müssen nicht überlegen, welche Auswahl Sie aus verschiedenen Schleifenfunktionen treffen sollen.

Aus Gründen der Übersichtlichkeit wurde das einfache Beispiel der Generierung einer Zahlenreihe ausgewählt, um verschiedene Möglichkeiten aufzuzeigen, wie Sie mit FRAMEWORK Schleifen realisieren können.

Sie lösen das Problem der Generierung einer Zahlenreihe zunächst mit einem konventionellen, also einem frame-orientierten Programm.

Danach nehmen Sie eine Vereinfachung vor, indem Sie das Programm durch eine Funktion ersetzen.

Schließlich programmieren Sie eine variable Lösung mit der Eingabe von Parametern und entwickeln dann dasselbe Ergebnis mittels einer Tabelle.

Nach der Abrechnung von Sorten erarbeiten Sie zum Schluß zwei Anwendungen mit einer geschachtelten Schleife. Um die unterschiedlichen Lösungsansätze zusammenhängend zu entwickeln, verwenden Sie das **Konzept 26ZYKLUS:**

```
=[26ZYKLUS]====================================================
    1   REIHEPRG
        1.1   STATISCH1
        1.2   VARIABEL
        1.3   TAB1
    2   REIHEFUNKTION
        2.1   STATISCH2
        2.2   DYNAMISCH
        2.3   TAB2
    3   LOKALTAB
    4   REPTTAB
    5   REPTTXT
    6   SORTEN
    7   NEST1TAB
    8   NEST2TAB
```

Bild 2.2.A Konzeptstruktur

Bei den mit TAB endenden Frames handelt es sich um Tabellen, bei den übrigen um Leer-/Textframes.

Frame-orientiertes Programm zum Erstellen einer Zahlenreihe
Programm 09: STATISCH1

Problemstellung

Entwickeln Sie das **Programm STATISCH1** im **Teilkonzept REIHEPRG.** Die Zahlenreihe 1000, 1010, 1020 ... 1090 ist mit einem Programm zu entwickeln, ohne daß Daten eingegeben werden. Die Ausgabe erfolgt in der **Tabelle TAB1.**

Problemanalyse

- Programmname:	STATISCH1
- Ausgabedaten:	1000, 1010, 1020, ...1090
- Eingabedaten:	keine
- Variablen:	Zahl
- Zuweisungen:	Zahl := 1000 Zahl := Zahl + 10
- Schleifensteuerung:	Die Schleife läuft solange die Zahl kleiner als 1100 ist.

Ausgabedatei TAB1:

```
┌─[TAB1]─────────────────────────────────────────────────────────┐
│          A                                                      │
│   1     1000                                                    │
│   2     1010                                                    │
│   3     1020                                                    │
│   4     1030                                                    │
│   5     1040                                                    │
│   6     1050                                                    │
│   7     1060                                                    │
│   8     1070                                                    │
│   9     1080                                                    │
│  10     1090                                                    │
└─────────────────────────────────────────────────────────────────┘
```

Bild 2.2.B Zahlenreihe

Struktogramm

```
┌─────────────────────────────────────────────────────────────┐
│ Tabelle TAB ansteuern                                        │
├─────────────────────────────────────────────────────────────┤
│ Zahl := 1000                                                 │
├─────────────────────────────────────────────────────────────┤
│ Solange Zahl < 1100                                          │
│   ┌─────────────────────────────────────────────────────────┤
│   │ Zahl in Bereich TAB.A1:TAB.A10 schreiben                │
│   ├─────────────────────────────────────────────────────────┤
│   │ Nächstes Bereichselement wählen                         │
│   ├─────────────────────────────────────────────────────────┤
│   │ Zahl := Zahl + 10                                       │
└───┴─────────────────────────────────────────────────────────┘
```

Programmcode

Schreiben Sie in den Formelhintergrund des Frames **STATISCH1** folgenden FRED-Code:

```
§local(Zahl),                                      ; 1
§setselection("TAB1.A1"),                          ; 2
Zahl := 1000,                                      ; 3
§while(Zahl < 1100,                                ; 4
      §put(TAB1.A1 : TAB1.A10, Zahl),              ; 5
      §next (TAB1.A1 : TAB1.A10),                  ; 6
      Zahl := Zahl + 10                            ; 7
      )                                            ; 8
```

Die Funktion §while

    Syntax: §while(Bedingung,
                  Anweisung(en)
)

    Beispiel: §while(Zahl < 1100,
                  §put(TAB.A1 : TAB.A10, Zahl),
                  §next (TAB.A1 : TAB.A10),
                  Zahl := Zahl + 10
)

Ist die Bedingung wahr, dann werden die Anweisungen der WHILE-Schleife durchgeführt. Ist die Bedingung nicht wahr, wird die Abarbeitung des Programms mit der ersten nach dem Schleifenende stehenden Anweisung fortgesetzt, bzw. wie in obigem Beispiel beendet, wenn keine Anweisung mehr folgt.

Heben Sie das Schleifenende im FRED-Code optisch hervor

Sie sollten es sich angewöhnen, die nach rechts gerundete Klammer, welche das Schleifenende bezeichnet, so zu setzen, daß sie auffällig sichtbar ist, auch wenn dies FRAMEWORK nicht verlangt.

Im Programmcode ist in der Zeile vier die linke runde Klammer enthalten, welche am Schleifenende steht. In der Zeile acht wurde genau in derselben Spaltenposition die korrespondierende Klammer geschrieben, welche das Schleifenende kennzeichnet.

Insbesondere bei umfangreicheren Programmen ist es enorm schwierig, die Einhaltung der Strukturlogik nachzuprüfen, wenn sich durch Verzweigungen in Kombination mit Schleifen Klammern häufen. Es sei denn, daß Sie das jeweilige Ende der Funktion auf die gezeigte Art auffällig setzen.

Die Funktion §put

    Syntax: §put(Anfang : Ende, Wert)
    Beispiel: §put(TAB.A1 : TAB.A10, Zahl)

Die Funktion §put schreibt einen Wert in das aktuelle Bereichselement. Es kann sich dabei um den Bereich einer Tabelle oder einer Datenbank handeln.

Die Funktion §next

Syntax: §next(Anfang : Ende)
Beispiel: §next(TAB.A1 : TAB.A10)

Das nächste Element eines Bereichs wird zum aktuellen Element.

Es kann sich dabei um den Bereich einer Tabelle oder einer Datenbank handeln.

Flexible Programmgestaltung
Programm 10: VARIABEL

Sie wollen das Programm flexibler gestalten. Der Start-, der Endwert und der Unterschiedsbetrag der einzelnen Tabellenwerte, die Diskriminante, sollen bei jedem Programmstart eingegeben, also variabel werden.

Damit lautet der FRED-Code zum Programm **VARIABEL**:

```
§local(Zahl, Startwert, Endwert, Diskriminante),          ; 1
§setselection("TAB1.A1"),                                 ; 2
Startwert := §value(§inputline("Startwert",               ; 3
                "1000",#no,#yes,#yes)),                    ; 4
Endwert := §value(§inputline("Endwert",                   ; 5
                "1200", #no,#yes,#yes)),                   ; 6
Diskriminante := §value(§inputline("Diskriminante",       ; 7
                "10",#no,#yes,#yes)),                      ; 8
Zahl := Startwert,                                        ; 9
§while(Zahl <= Endwert,                                   ;10
     §put(TAB1.A1:TAB1.A20,Zahl),                         ;11
     §next(TAB1.A1:TAB1.A20),                             ;12
     Zahl := Zahl + Diskriminante,                        ;13
     )                                                    ;14
```

Kommentar zur Codierung

Aus Gründen der übersichtlichen Darstellung wurde die Eingabe von
Startwert, Endwert und Diskriminante je auf zwei Zeilen, die Zeilen 3
und 4 bzw. 5 und 6 bzw. 7 und 8 aufgeteilt. Schreiben Sie den jeweiligen Befehl im eigentlichen Programm jeweils in einer einzigen
Zeile.

Die Ergebnisausgabe erfolgt wie bei dem **Programm STATISCH1** in der
Tabelle TAB1.

Eine Funktion ersetzt ein ganzes Programm
Programm 11: STATISCH2

FRAMEWORK III stellt Ihnen über 180 Funktionen zur Verfügung.
Darunter sind einzelne so mächtig, daß sie ein ganzes Programm
ersetzen.

Tragen Sie in den Formelhintergrund des **Frames STATISCH2** im **Kon-
zeptteil REIHEFUNKTION** diese kurze Anweisung ein:

```
§fill(TAB2.A1:TAB2.A10,1000,10)
```

Starten Sie das Programm. Sie erhalten in einer wesentlich kürzeren
Zeit der Programmausführung dasselbe Ergebnis wie bei Programm
STATISCH1.

Ausweitung der Aufgabe

Da Sie in FRAMEWORK auf so einfache Weise programmieren können,
sollten Sie die Anwendung gleich verbessern.

Löschen Sie vor der Datenausgabe den Tabellen-Bereich, in dem die
Zahlenreihe ausgegeben wird. Wenn die Ausgabedaten überschrieben
werden, können Sie die Arbeit von FRED nicht verfolgen, da mit dem
Programm STATISCH2 bei jedem Programmlauf **dieselben** Daten
ausgegeben werden.

In der Nachrichtenzeile lassen Sie eine Meldung über die Löschung erscheinen. Sie können sich von der Löschung der Daten überzeugen, wenn Sie das Programm auf die Eingabe einer beliebigen Taste warten lassen. Wenn Sie dann irgendeine Taste drücken, wird die programmierte Reihe in der Tabelle ausgegeben.

Diese Ausweitung des Programmumfangs erreichen Sie, indem Sie das Programm in dem **Frame STATISCH2** erweitern:

```
§setselection("TAB2.A1"),                                    ; 1
§delete("TAB2.A1:TAB2.A20"),                                 ; 2
§eraseprompt,                                                ; 3
§prompt("Werte gelöscht. Weiter mit beliebiger Taste",20),  ; 4
§nextkey,                                                    ; 5
§fill(TAB2.A1:TAB.A210,1000,10)                             ; 6
```

Die Funktion §delete

Syntax: §delete("Framename" bzw. "Bereichsbezug")

Beispiel: §delete("TAB.A1:TAB.A20")

Die Funktion §delete löscht einen Frame oder einen Bereich.

Das Löschen mit §delete können Sie im Menü *Editieren* mit dem Punkt *'Rücknahme'* nicht mehr rückgängig machen.

Die Funktion §nextkey

Syntax: §nextkey(Dauer)

Beispiel: §nextkey
§nextkey(5)

Die Funktion §nextkey ohne Angabe einer Dauer wartet auf den nächsten Tastendruck. Bei Angabe der Dauer wartet FRAMEWORK bis die Dauer entweder abgelaufen ist oder die nächste Taste eingegeben wird.

Damit können Sie den Programmablauf anhalten, um sich bestimmte Ergebnisse, Zwischenergebnisse oder Arbeitshinweise anzeigen zu lassen.

Die Funktion §fill

Syntax: §fill(Bereich, Anfangswert, Schrittweite)
Beispiel: §fill(TAB.A1:TAB.A10, 1000, 10)

Die Elemente eines Bereichs werden durch die Funktion §fill mit Zahlenwerten gefüllt. Das erste Element wird mit dem Anfangswert versehen, das nächste mit der Summe aus Anfangswert und Schrittweite. Zum aktuellen Wert wird jeweils die Schrittweite addiert.

Beim Eintrag der Anweisung §fill in den Formelhintergrund einer Zelle sollten Sie beachten, daß diese Zelle nicht zum dort definierten Bereich gehört. Sonst wird der letzte Wert der Reihe auch in die Zelle eingetragen, in welcher die Formel steht.

Vorgriff auf dynamische Formeln
Programm 12: DYNAMISCH

Wenn Sie nun glauben sollten, daß sich der Bereichsinhalt mit der Funktion §fill nicht auch dynamisch entwickeln läßt, dann sind Sie auf dem 'Holzweg'.

Der Vollständigkeit halber wollen wir an dieser Stelle kurz auf die Inhalte des **Konzepts 29DYNAFO** vorgreifen. Dort werden die dynamischen Formeln besprochen.

Sie können allerdings die folgende Passage auch zurückstellen bis Sie das **Konzept 29DYNAFO** durchgearbeitet haben.

Oder Sie nehmen die Anwendungsdiskette, lassen das Programm laufen und sehen es sich an.

Bei der statischen Lösung haben Sie die §fill-Funktion in der folgenden Version verwendet:

```
§fill(TAB1.A1:TAB1.A10,1000,10)
```

Dabei haben Sie sowohl den Anfangswert als auch die Schrittweite starr vorgegeben. Diese beiden Werte sollen nun variabel werden.

Sie können den Variablennamen 'Startwert' nicht an die Stelle in der Funktion schreiben, wo die Zahl 1000 steht. Die Funktion §fill erwartet hier einen Wert, der Variablennamen ist jedoch ein String.

Dieses Problem lösen Sie mit dem **Programm DYNAMISCH:**

```
§local(Startwert, Diskriminante, Hilf),                        ; 1
§setselection("TAB.A1"),                                       ; 2
Startwert :=§inputline("Startwert","1000",#no,#yes,#yes),      ; 3
Diskriminante:=§inputline("Diskriminante","10",#no,#yes,#yes),; 4
Hilf := "§fill(TAB.A1:TAB.A11," & Startwert & ","              ; 5
                & Diskriminante & ")",                          ; 6
§Hilf                                                           ; 7
```

Kommentar zur Codierung

Sie ordnen in den Programmzeilen 5 und 6 die §fill-Funktion als String der Hilfsvariablen 'Hilf' zu.

Beachten Sie dabei, daß sämtliche Teile dieser Funktion in String-Darstellung erscheinen, also auch z. B. die rechte abschließende Klammer.

Mit der Funktion §Hilf lassen Sie in der Programmzeile 7 den String-Ausdruck berechnen. FRAMEWORK arbeitet jetzt mit den zugeordneten aktuellen Werten.

Realisierung einer Schleife durch Kopieren von Formeln
Programm 13: LOKALTAB

Verwenden Sie die **Tabelle LOKALTAB:**

```
=[LOKALTAB]==================================
        A
1    2000
2    2005
3    2010
4    2015
5    2020
6    2025
7    2030
8    2035
9    2040
```

Bild 2.2.C Zahlenreihe per Kopieren einer Formel

In die Zelle A1 geben Sie die Zahl 2000, also den Anfangswert ein.
Schreiben Sie in den Formelhintergrund der Zelle A2 die Formel
A1 + 5 und kopieren Sie diese Formel nach unten bis in die Zelle A9.
Sie erhalten obiges Ergebnis.

Mit dem Kopieren der Formel haben Sie die gleiche Wirkung erzielt
wie mit der **Wiederholungsfunktion §while**.

Auch die Funktion §rept ersetzt ein ganzes Programm
Programm 14: REPTTAB

Die Funktion §fill ist nicht die einzige Funktion, die eine Schleife
ersetzt. Auch die Funktion §rept ist dazu in der Lage.

Schreiben Sie in den Formelhintergrund der **Tabelle REPTTAB** in die
Zelle A1 die Formel:

```
§rept("-",20)
```

FRAMEWORK schreibt das angegebene Zeichen zum Erstellen einer Linie zwanzigmal nebeneinander, erzeugt also eine waagrechte Linie.

Programm 15: REPTTXT

Legen Sie den **Textframe REPTTXT** an und schreiben Sie in den Formelhintergrund:

```
§rept("
",20)
```

Gehen Sie beim Editieren dieser Anweisung nicht nur mit der Taste
<F2> in den Formelhintergrund, sondern auch mit Taste <F9> auf die
ganze Bildschirmfläche.

Hinter dem senkrechten Strich muß mit der <Return>-Taste ein Zeilenumbruch vorgenommen werden. Dieser geht in die Formel ein. Die
Blanks vor dem senkrechten Strich in der Funktion §rept geben die
Anzahl der Leerstellen vom linken Rand des Frames an. Sie erhalten
eine senkrechte Linie über 20 Zeilen in der 3. Spalte des Frames.

Die Funktion §rept

> *Syntax:*   §rept(Ausdruck, Anzahl)
>
> *Beispiel:*   §rept(§chr(205), 65)

Die Funktion §rept wiederholt einen Textwert oder einen Ausdruck so oft wie dies als Anzahl angegeben ist.

Die Funktion im Beispiel erzeugt eine waagrechte Doppellinie in einer Breite von 65 Stellen.

Übung macht den Meister
Programm 16: SORTEN

Problemstellung

Mit dem Programm **SORTEN** soll ein einzugebender inländischer DM-Betrag in ausländische Währungseinheiten, wie z. B. FF, öS, dkr, nicht aber US-$ und Lit, umgerechnet werden.

Das Programm soll mit folgender Ausgabe in der Nachrichtenzeile beginnen:

```
Umrechnung DM in Sorten mit Divisor 100. Weiter mit beliebiger
Taste.
```

Nach der Eingabe eines DM-Betrages und der Berechnung des Sortenbetrags erfolgt die Ausgabe nach folgendem Muster:

```
Betrag an Sorten: 214,23   Weiter mit beliebiger Taste
```

Die Bearbeitung soll solange wiederholt werden, bis für den DM-Betrag eine Null eingegeben wird.

Problemanalyse

- Programmname: SORTEN
- Ausgabedaten: Sortenbetrag
- Eingabedaten: DM-Betrag, Kurs

- Variablen:

Name	Bedeutung
DM	DM-Betrag
Sorten	Sortenbetrag
Kurs	Umrechnungskurs

- Zuweisungen: Sorten := DM * Kurs / 100

- Schleifensteuerung: Die Schleife läuft solange, bis eine Null als DM-Betrag eingegeben wird.

Struktogramm

Ausgabe Programmthematik
Eingabe DM-Betrag
Solange DM-Betrag <> 0

	Eingabe Kurs
	Berechnung Sortenbetrag
	Ausgabe Sortenbetrag
	Eingabe DM-Betrag

Codierung

```
§local(DM, Kurs, Sorten),                                  ; 1
§eraseprompt,                                              ; 2
§prompt("Umrechnung DM in Sorten mit Divisor von 100. "    ; 3
               & "Weiter mit beliebiger Taste.",5),        ; 4
§nextkey,                                                  ; 5
DM := §value(§inputline("DM-Betrag: <0 = Ende>")),         ; 6
§while(DM <> 0,                                            ; 7
   Kurs := §value(§inputline("Kurs: ")),                  ; 8
   Sorten := DM*Kurs/100,                                 ; 9
   §eraseprompt,                                          ;10
   §prompt("Betrag an Sorten: " & §business(Sorten)       ;11
          & " Weiter mit beliebiger Taste",15),           ;12
   §nextkey,                                              ;13
   DM := §value(§inputline("DM-Betrag: <0 = Ende>")),     ;14
     )                                                    ;15
```

Ausführlichkeit eines Struktogramms

Das Struktogramm hat vor allem die Aufgabe die Programmstruktur übersichtlich darzustellen. Es trägt nicht zur besseren Transparenz der Konzeption bei, wenn sämtliche Details des Programms in das Struktogramm aufgenommen werden.

Die Programmzeilen 1, 2, 5, 10 und 13 des FRED-Codes von Programm SORTEN sind deshalb im Struktogramm nicht aufgeführt.

Schleifen in geschachtelter Form
Programm 17: NEST1TAB

Sie können sich eine Informationstabelle für Bankkunden vorstellen, die wissen wollen, wie sich ein bestimmter zu einem bestimmten Zeitpunkt einbezahlter Betrag inklusive Zinseszins über verschiedene Jahre hinweg entwickelt.

Dabei interessiert es den Kunden auch, wie sich unterschiedliche Zinssätze auf die Anlage auswirken.

Zur Lösung dieses Problems verwenden Sie eine Schleife in geschachtelter Form.

Die Hauptschleife läuft über die Jahre. In dieser sogenannten äußeren Schleife ist die Schleife zur Berechnung der Zinsen über die Zinssätze als innere Schleife enthalten.

Dies läßt sich bildlich wie folgt darstellen:

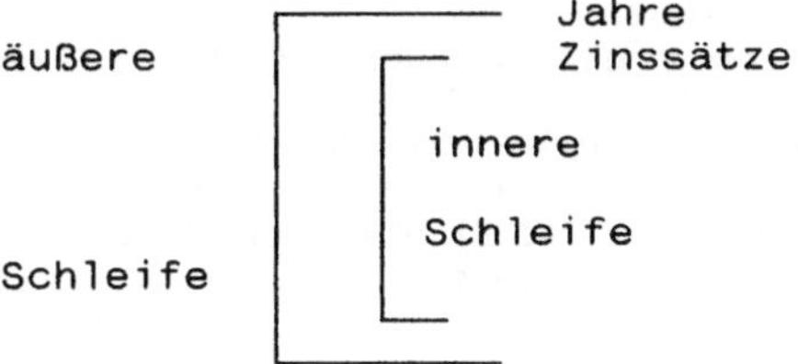

Nach der Eingabe eines DM-Betrags erhält der Kunde folgende Übersicht:

```
=[NEST1TAB]====================================================
    A        B        C        D        E        F        G        H
 1 Zukünftiger Wert eines am Anfang eingezahlten Betrags
 2
 3                          Zins in Prozent
 4
 5 Jahr   2        3        4        5        6        7        8
 6 ─────────────────────────────────────────────────────────────
 7    1  1020,00  1030,00  1040,00  1050,00  1060,00  1070,00  1080,00
 8    2  1040,40  1060,90  1081,60  1102,50  1123,60  1144,90  1166,40
 9    3  1061,21  1092,73  1124,86  1157,63  1191,02  1225,04  1259,71
10    4  1082,43  1125,51  1169,86  1215,51  1262,48  1310,80  1360,49
11    5  1104,08  1159,27  1216,65  1276,28  1338,23  1402,55  1469,33
12    6  1126,16  1194,05  1265,32  1340,10  1418,52  1500,73  1586,87
13    7  1148,69  1229,87  1315,93  1407,10  1503,63  1605,78  1713,82
14    8  1171,66  1266,77  1368,57  1477,46  1593,85  1718,19  1850,93
15    9  1195,09  1304,77  1423,31  1551,33  1689,48  1838,46  1999,00
16   10  1218,99  1343,92  1480,24  1628,89  1790,85  1967,15  2158,92

21   15  1345,87  1557,97  1800,94  2078,93  2396,56  2759,03  3172,17
22   16  1372,79  1604,71  1872,98  2182,87  2540,35  2952,16  3425,94
23   17  1400,24  1652,85  1947,90  2292,02  2692,77  3158,82  3700,02
24   18  1428,25  1702,43  2025,82  2406,62  2854,34  3379,93  3996,02
25   19  1456,81  1753,51  2106,85  2526,95  3025,60  3616,53  4315,70
26   20  1485,95  1806,11  2191,12  2653,30  3207,14  3869,68  4660,96
```

Bild 2.2.D Wachstum eines Kapitals bei einmaliger Einzahlung

Den Programm-Code schreiben Sie direkt in den Formelhintergrund des Frames NEST1TAB.

Codierung

```
§local(Kapital, Jahr, Zinssatz, Wert),                          ; 1
Kapital := §value(§inputline("Kapital","1000",#no,#yes,#yes)),; 2
§eraseprompt,                                                   ; 3
§fill(A7:H30," "),                                              ; 4
Jahr:=1,                                                        ; 5
§while(Jahr < 21,                                               ; 6
      §put(NEST1TAB.A7:NEST1TAB.A26,Jahr),                     ; 7
      §next(NES1PTAB.A7:NEST1TAB.A26),                         ; 8
      Zinssatz := 0.02,                                         ; 9
      §prompt("Berechnung für Jahr " & §integer(Jahr),30),     ;10
      §while(Zinssatz < 0.09,                                   ;11
             Wert:=Kapital*(1+Zinssatz)^Jahr,                   ;12
             §put(NEST1TAB.B7:NEST1TAB.H26,Wert),              ;13
             §next(NEST1TAB.B7:NEST1TAB.H26),                  ;14
             Zinssatz := Zinssatz + 0.01                        ;15
            ),                                                  ;16
      Jahr:=Jahr+1                                              ;17
      )                                                         ;18
```

Zur Realisierung der Anwendung müssen Sie zunächst die Texte in der Tabelle NEST1TAB unterbringen.

Die Prozentsätze in Zeile 5 können Sie mit folgender Anweisung eintragen:

```
§fill(NEST1TAB.B5:NEST1TAB.H5,2,1),
```

Kommentar zur Codierung

Die äußere Schleife über die Jahre hinweg läuft von Programmzeile 6 bis 18, die innere von 11 bis 16.

Die Programmzeile 10 zeigt in der Nachrichtenzeile, an welchem Jahr FRED gerade arbeitet.

Anpassung an ähnlich gelagerte Problemstellungen
Programm 18: NEST2TAB

Ihr Bankkunde möchte zu Beginn eines jeden Jahres einen bestimmten Betrag einbezahlen und wissen, wie sich die Beträge inklusive auflaufender Zinsen bei unterschiedlichen Zinssätzen entwickeln.

Sie müssen nicht die ganze Anwendung neu entwickeln. Kopieren Sie die Tabelle NEST1TAB und ändern den Namen um in NEST2TAB. Dann geben Sie die untenstehende Überschrift in der Tabelle NEST2TAB ein.

Außerdem muß die Formel in Zeile 12 des Programmcodes gegen die folgende ausgetauscht werden:

```
Wert:=§fv(Kapital,Zinssatz,Jahr)*(1+Zinssatz),
```

Mit dem Menü *Suchen* und dem Punkt *'Ersetzen durch'* ändern Sie im Programm den Namen NEST1TAB um in NEST2TAB.

Zweite Version der Tabelle mit geschachtelter Schleife

Sie erhalten nach Eingabe des Betrags von 1000,- DM für die jährliche Einzahlung folgenden Inhalt der **Tabelle NEST2TAB**:

```
┌─[NEST2TAB]════════════════════════════════════════════════════════
│     A         B         C         D         E         F         G          H
│ 1 Zukünftiger Wert bei konstanten jährlichen Einzahlungen
│ 2
│ 3                         Zins in Prozent
│ 4
│ 5 Jahr     2         3         4         5         6         7         8
│ 6 ───────────────────────────────────────────────────────────────────
│ 7   1   1020,00   1030,00   1040,00   1050,00   1060,00   1070,00   1080,00
│ 8   2   2060,40   2090,90   2121,60   2152,50   2183,60   2214,90   2246,40
│ 9   3   3121,61   3183,63   3246,46   3310,13   3374,62   3439,94   3506,11
│10   4   4204,04   4309,14   4416,32   4525,63   4637,09   4750,74   4866,60
│11   5   5308,12   5468,41   5632,98   5801,91   5975,32   6153,29   6335,93
│12   6   6434,28   6662,46   6898,29   7142,01   7393,84   7654,02   7922,80
│13   7   7582,97   7892,34   8214,23   8549,11   8897,47   9259,80   9636,63
│14   8   8754,63   9159,11   9582,80  10026,56  10491,32  10977,99  11487,56
│15   9   9949,72  10463,88  11006,11  11577,89  12180,79  12816,45  13486,56
│16  10  11168,72  11807,80  12486,35  13206,79  13971,64  14783,60  15645,49
│17  11  12412,09  13192,03  14025,81  14917,13  15869,94  16888,45  17977,13
│18  12  13680,33  14617,79  15626,84  16712,98  17882,14  19140,64  20495,30
│19  13  14973,94  16086,32  17291,91  18598,63  20015,07  21550,49  23214,92
│20  14  16293,42  17598,91  19023,59  20578,56  22275,97  24129,02  26152,11
│21  15  17639,29  19156,88  20824,53  22657,49  24672,53  26888,05  29324,28
│22  16  19012,07  20761,59  22697,51  24840,37  27212,88  29840,22  32750,23
│23  17  20412,31  22414,44  24645,41  27132,38  29905,65  32999,03  36450,24
│24  18  21840,56  24116,87  26671,23  29539,00  32759,99  36378,96  40446,26
│25  19  23297,37  25870,37  28778,08  32065,95  35785,59  39995,49  44761,96
│26  20  24783,32  27676,49  30969,20  34719,25  38992,73  43865,18  49422,92
└───────────────────────────────────────────────────────────────────
```

Bild 2.2.E Wachstum eines Kapitals bei jährlicher Einzahlung

Die Funktion §fv

> *Syntax:*   §fv(Rate, Zinssatz, Perioden)
>
> *Beispiel:*   §fv(Kapital, Zinssatz, Jahr)

Die Funktion §fv (von engl. future value) berechnet den Kapitalendwert einer Geldanlage, wobei konstante Beträge über einen Zeitraum von mehreren Perioden hinweg einbezahlt werden. Der Kapitalendwert enthält auch den Zinseszins.

Es wird angenommen, daß die **Einzahlung am Ende** der Perioden (z. B. der Jahre) erfolgt.

Wenn die Einzahlung **zu Beginn** der jeweiligen Perioden vorgenommen wird, gilt folgende Version der Funktion §fv:

Syntax: §fv(Rate, Zinssatz, Perioden) * (1 + Zinssatz)
Beispiel: §fv(Kapital, Zinssatz, Jahr) * (1 + Zinssatz)

Wenn die Zahlungen und die Verzinsungen nicht jährlich, sondern in anderen Zeiträumen erfolgen, dann müssen Sie den Jahreszinssatz an die Perioden anpassen.

Sie zahlen z. B. jeweils am ersten Tag von 60 Monaten DM 500,-- ein. Der Zinssatz beträgt 6 % p. a.

Hier gilt folgende Formel:

```
§fv(500,0.06 / 12, 60) * (1 + 0.06/12)
```

Nach 60 Monaten ergibt sich bei einer monatlichen Zinsgutschrift ein Gesamtbetrag von DM 35.059,44.

2.3 Alternativstruktur   Datei: 27ALTERN

Programmübersicht

Programm-Nummer	Programm-Name	Problemstellung
19	EINSEITIG RABATT1	Rabattberechnung mit einheitlichem Rabattsatz
20	LOHN	Bruttolohnberechnung mit Zuschlagssatz
21	TAGE	Tageberechnung auf kaufmännische Art
22	TAGTAB	Kalendermäßig genaue Tageberechnung mit Plausibilitätsprüfung
23	ZWEISEITIG RABATT2	Rabattberechnung mit differenziertem Rabattsatz
24	MEHRFACH SORTEN	Sortenberechnung mit unterschiedlichem Divisor
25	FESTGELD	Berechnung von Festgeldzinsen mit einfacher Plausibilitätsprüfung

Bei den Alternativstrukturen liegt jeweils eine Bedingung vor. Je nachdem ob die Bedingung erfüllt oder nicht erfüllt ist, werden unterschiedliche Anweisungen eines Programms abgearbeitet.

Die Alternativstruktur wird eingeteilt in

- einseitige Auswahl   (bedingte Verarbeitung),
- zweiseitige Auswahl   (einfache Alternative) und
- Mehrfachauswahl   (mehrfache Alternative).

Diese Strukturen lassen sich wie folgt definieren:

- **Einseitige Auswahl:** Ist die Bedingung wahr, also erfüllt, dann wird die als Konsequenz genannte Anweisung ausgeführt. Andernfalls wird die danach folgende Anweisung abgearbeitet.

- **Zweiseitige Auswahl:** Ist die Bedingung erfüllt, dann wird die als Konsequenz genannte Anweisung ausgeführt, andernfalls wird die Anweisung abgearbeitet, welche dem Nicht-Zutreffen der Bedingung zugeordnet ist.

- **Mehrfachauswahl:** Eine Variable übernimmt die Aufgabe der Bedingung. Diese Variable erhält je nach Sachlage einen unterschiedlichen Wert. In Abhängigkeit von diesem Wert wird eine bestimmte Anweisung befolgt.

Nach einem einführenden Programm zu jeder der drei Arten der Auswahlstrukturen finden Sie einzelne Programme zum Einüben der jeweiligen Struktur.

Im **Konzept 27ALTERN** wurde mit einer einzigen Ausnahme auf die Darstellung der Lösungen in Tabellen verzichtet. Das Erstellen von Tabellen ist eher der Arbeit auf der Kommando- als auf der Programmebene zuzurechnen.

Sie entwerfen insbesondere **frame-orientierte Programme** im konventionellen Sinn.

Die jeweilige Anwendung läßt sich jedoch je nach Thematik häufig wesentlich einfacher in einer Tabelle realisieren. Dies wird an einem Beispiel gezeigt, wo dies besonders deutlich ersichtlich ist. Es handelt sich um die **Tabelle TAGTAB** im Rahmen der einseitigen Auswahl.

Entwickeln Sie die Programme zur Alternativstruktur mit dem **Konzept 27ALTERN,**
das mit Ausnahme der Tabelle TAGTAB nur Textframes enthält:

```
=[27ALTERN]=
     1   EINSEITIG
          1.1   RABATT1
          1.2   LOHN
          1.3   TAGE
          1.4   TAGTAB
     2   ZWEISEITIG
          2.1   RABATT2
     3.  MEHRFACH
          3.1   SORTEN
          3.2   FESTGELD
```

Bild 2.3.A Konzeptstruktur

Einseitige Auswahl (bedingte Verarbeitung)

Erstellen Sie im Rahmen der bedingten Verarbeitung die drei frame-
orientierten **Programme RABATT1, LOHN** und **TAGE.**

Bei der **Tabelle TAGTAB** führen Sie eine kalendermäßige Tageberechnung mit ausführlicher Plausibilitätsprüfung durch. Dazu genügt
eine einfache Funktion. Diese ersetzt ein ganzes Programm im konventionellen Sinn.

Einseitige Auswahl
Programm 19: RABATT1

Problembeschreibung

Der Umsatz wird aus Menge und Preis berechnet. Ist er größer als
1.000,- DM, wird ein Rabatt in Höhe von 5 % gewährt.

Problemanalyse

- Programmname: RABATT1
- Ausgabedaten: Umsatz, Rabatt, Nettobetrag
- Ausgabeformat: Währung
- Eingabedaten: Menge, Preis

```
- Variablen:          Name       Bedeutung
                      ------------------------------------------------
                      Menge      Menge
                      Preis      Preis
                      Umsatz     Umsatz
                      Rabatt     Rabatt
                      Netto      Nettobetrag


- Bedingung:          falls Umsatz > 1000

                      Konsequenz: Rabatt = 5 % vom Umsatz
```

Die Namen der Variablen sind mit den zur Bedeutung angeführten Begriffen nahezu identisch, da man bei der Programmierung 'sprechende' Namen verwenden sollte.

Struktogramm

Eingabe Menge	
Eingabe Preis	
Berechnung Umsatz	
Umsatz > 1000	
Ja	**Nein**
Rabatt = 5 % vom Umsatz	
Ausgabe Umsatz, Rabatt, Nettobetrag	

Codierung

```
§local(Menge, Preis, Umsatz, Rabatt, Netto),                       ; 1
Menge := §value(§inputline("Menge")),                              ; 2
Preis := §value(§inputline("Preis ")),                            ; 3
Umsatz  := Menge * Preis,                                          ; 4
§if(Umsatz > 1000,                                                 ; 5
    Rabatt := Umsatz * 0.05),                                      ; 6
Netto := Umsatz - Rabatt,                                          ; 7
§eraseprompt,                                                      ; 8
§prompt("   Umsatz: " & §currency(Wert) & "   Rabatt: " &         ; 9
§currency(Rabatt) & "   Nettobetrag: " & §currency(Netto))        ;10
```

Kommentar zur Codierung

FRED setzt die Werte der Variablen beim Programmstart automatisch auf Null. Deshalb wird ein Rabatt von 0,00 DM ausgegeben, wenn die Rabattbedingung nicht zutrifft.

Die Funktion §if

Syntax: §if(Bedingung, Dann-Anweisung)
Beispiel: §if(Wert > 1000, Rabatt := Wert * 0.05)

Bei der Funktion §if wird die Dann-Anweisung nur durchgeführt, wenn die Bedingung zutrifft.

Einseitige Auswahl mit Blockanweisung
Programm 20: LOHN

Im folgenden Beispiel werden bei Zutreffen der Bedingung mehrere Dann-Anweisungen ausgeführt.

Problemstellung

Der Name und die Anzahl der Arbeitsstunden eines Mitarbeiters werden eingegeben. Der Lohnsatz und der Zuschlagssatz werden als Konstanten vorgegeben.

Der Bruttolohn wird berechnet. Wenn ein Mitarbeiter mehr als 37,5 Stunden in der Woche arbeitet, erhält er einen Lohnzuschlag.

Die Programmstruktur können Sie dem FRED-Code entnehmen. Durch Einrücken werden die einzelnen Strukturelemente übersichtlich dargestellt.

Auf eine ausführliche Problemanalyse wird verzichtet, da der Sachverhalt relativ einfach ist.

Codierung

```
§local(Name, Lohnsatz, Stunden, Brutto,                        ; 1
       Zuschlagsatz, Zuschlag),                                ; 2
Lohnsatz     := 16.25,                                         ; 3
Zuschlagsatz := 3.25,                                          ; 4
Name     := §inputline("Name des Mitarbeiters "),             ; 5
Stunden := §value(§inputline("Stunden von " & "              ; 6
                     Mitarbeiter " & Name)),                   ; 7
Brutto   := Lohnsatz * Stunden,                               ; 8
§if(Stunden > 37.5,                            ;Abfrage   9
   §list(                                      ;Liste    10
        Zuschlag := (Stunden - 37.5) * Zuschlagsatz,;Ja-Zweig 11
        Brutto := Brutto + Zuschlag             ;Ja-Zweig 12
        )                                      ;Ende Liste   13
   ) ,                                         ;Ende Abfrage 14
§eraseprompt,                                                 ;15
§prompt("Wochenlohn von Mitarbeiter " & Name & ": "          ;16
         & §currency(Brutto) & " inklusive "                 ;17
         & §currency(Zuschlag) & " Zuschlag",6)              ;18
```

Kommentar zur Codierung

Die Zeilen 9 bis 14 enthalten vor der Zeilennummer einen Kommentar.

In der Zeile 9 steht die Bedingung: §if(Stunden > 37.5

Die korrespondierende Klammer zum Beginn der Abfrage finden Sie
in Zeile 14. Damit man leicht erkennen kann, daß hier das Ende der
Abfrage vorliegt, wurde diese Klammer in dieselbe Spalte geschrieben, in der die Klammer zu Beginn der Abfrage (Zeile 9) steht.

Trifft die angegebene Bedingung zu, dann werden zwei Anweisungen
abgearbeitet: In Programmzeile 11 wird der Zuschlagssatz und in
Programmzeile 12 der Bruttobetrag berechnet. Beide Programmzeilen
werden mit der Funktion §list zusammengefaßt.

Die Funktion §list

Syntax: §list(
        Ausdruck,
        Ausdruck,
        ...,
        Ausdruck
)

Beispiel: §list(
                   Zuschlag:=(Stunden-37.5)*Zuschlagsatz,
                   Brutto := Brutto + Zuschlag
)

Die Funktion §list faßt eine Liste (einen Block, einen Verbund) von Anweisungen zusammen.

Sie können die Funktion §list auch in der komprimierten, unstrukturierten Art schreiben:

```
§list(Ausdruck, Ausdruck, ..., Ausdruck)
```

Übungsbeispiel zur einseitigen Auswahl
Programm 21: TAGE

Problemstellung

Lassen Sie die Tage zwischen zwei Terminen auf kaufmännische Art berechnen.

Falls der 31. Tag eines Monats eingegeben wird, soll trotzdem mit 30 Tagen gerechnet werden, wie es die kaufmännische Zinsrechnung verlangt.

Codierung

```
§local(AnfTag,AnfMonat,AnfJahr,EndTag,EndMonat,EndJahr,Tage), ;  1
AnfTag   := §value(§inputline("Tag   des Anfangstermins: ")), ;  2
AnfMonat := §value(§inputline("Monat des Anfangstermins: ")), ;  3
AnfJahr  := §value(§inputline("Jahr  des Anfangstermins: ")), ;  4
EndTag   := §value(§inputline("Tag   des Endtermins: ")),     ;  5
EndMonat := §value(§inputline("Monat des Endtermins: ")),     ;  6
EndJahr  := §value(§inputline("Jahr  des Endtermins: ")),     ;  7
§if(AnfTag = 31,                                              ;  8
    AnfTag :=30                                               ;  9
   ),                                                         ; 10
§if(EndTag = 31,                                              ; 11
    EndTag := 30                                              ; 12
   ),                                                         ; 13
Tage := Endtag - AnfTag + (EndMonat - AnfMonat) * 30          ; 14
        + (EndJahr - AnfJahr) * 360                           ; 15
§eraseprompt,                                                 ; 16
§prompt("Tage: " & §integer(Tage))                           ; 17
```

Achten Sie auf Plausiblität bei der Eingabe des Datums

Wenn Sie sich bei der Zahleneingabe vertippen und einen Wert für einen Tag, der größer als 31, oder einen Wert für einen Monat, der größer als 12 ist, eingeben, dann wird diese fehlerhafte Eingabe im Programm TAGE nicht abgefangen. Die Formel in den Zeilen 14 und 15 rechnet auch mit 'falsch' eingegebenen Werten.

Wenn Sie die Tage kalendergenau berechnen lassen, dann können Sie ein bedeutend einfacheres Verfahren anwenden, das die genannten Eingabefehler verhindert.

Kalendermäßig genaue Tageberechnung mit der Tabelle TAGTAB
Programm 22: TAGTAB

```
┌─[TAGTAB]──────────────────────────────────────────────┐
│              A                B                        │
│  1 Anfangstermin:    22.02.92                          │
│  2 Endtermin:        22.03.92                          │
│  3                                                     │
│  4 Tage:                          29                   │
└───────────────────────────────────────────────────────┘
```

Bild 2.3.B   Tageberechnung mit plausibler Datumseingabe

Damit auch tatsächlich Datumsangaben eingegeben werden, markieren Sie vor der ersten Dateneingabe die Zellen B1 und B2 und formatieren Sie den Bereich mit dem Menü *Zahlen*, dem Punkt *'Auswahl des Eingabeformats'* und dem Datumsformat *'Tag Monat Jahr'*.

Damit werden Angaben, die nicht dem Datumsformat entsprechen, von FRAMEWORK nicht zugelassen.

Für die einzelnen Monate wird nur die maximal mögliche Anzahl der Tage ohne Fehlermeldung akzeptiert, für den Januar z. B. 31 Tage.

Geben Sie in der Zelle B1 ein: 32.01.90, dann trägt FRAMEWORK in diese Zelle ein: *#VALUE*

In die Nachrichtenzeile schreibt FRAMEWORK: *Wert ungültig*

Geben Sie als Datum in der Zelle B1 den 29.02.90 ein, so erhalten Sie die Fehlermeldung: *Datumswert zu klein/groß*

Der Termin 29.02.92 wird von FRAMEWORK akzeptiert, da es sich dabei um ein Schaltjahr handelt.

Wenn Sie für eine Monatsangabe eine Ziffer größer als 12 bzw. kleiner als 1 eingeben, wird sie ebenfalls zurückgewiesen.

Die gesamte Plausiblitätsprüfung muß nicht programmiert werden. Die Abfrage auf nicht plausible Werte ist bereits mit der menügesteuerten Vorgabe des Datumformats realisiert.

In die Zelle B4 geben Sie die Formel ein:

```
§diffdate(B2,B1)
```

FRAMEWORK berechnet damit kalendermäßig genau die Tage zwischen beiden Terminen.

Die Funktion §diffdate

> *Syntax:*   §diffdate(Datum1, Datum2)
> *Beispiel:*   §diffdate(B2, B1)

Die Funktion §diffdate berechnet die Differenz von Datum1 und Datum2 in Tagen **kalendermäßig genau.**

Zweiseitige Auswahl (einfache Alternative)

Bei der zweiseitigen Auswahl werden bei Zutreffen der Bedingung ein bzw. mehrere Befehle abgearbeitet. Diese gehören zum Ja-Zweig, da sie dann durchzuführen sind, wenn die Bedingung wahr ist, d. h. mit einem 'Ja' beantwortet wird.

Trifft die Bedingung nicht zu, wird ebenfalls mindestens ein Befehl durchgeführt. Diese Aktionen stellen den Nein-Zweig dar, da hier die Bedingung unwahr ist, also mit 'Nein' versehen wird.

Sie finden zur zweiseitigen Auswahl das **Programm RABATT2 im umfassenden Frame ZWEISEITIG.**

Zweiseitige Auswahl
Programm 23: RABATT2

Nur wenn die Bedingung erfüllt ist, daß der Umsatz von 1.000,- DM überschritten wird, werden im Programm RABATT1 zur einseitigen Auswahl 5 % Rabatt berechnet.

Im **Programm RABATT2** wird auch dann Rabatt gewährt, wenn diese Bedingung nicht zutrifft, dann allerdings nur 2 %.

Eine Aufbereitung mit Problemanalyse und Struktogramm erübrigt sich, da lediglich eine Änderung am Beispiel RABATT1 vorgenommen wird. Im Struktogramm zu RABATT1 ist nach der Abfrage im Nein-Zweig nur noch die Nein-Konsequenz einzutragen.

Codierung

```
§local(Menge, Preis, Umsatz, Rabatt, Netto),                      ; 1
Menge := §value(§inputline("Menge")),                             ; 2
Preis := §value(§inputline("Preis ")),                            ; 3
Wert  := Menge * Preis,                                           ; 4
§if(Umsatz > 1000,                                                ; 5
    Rabatt := Umsatz * 0.05,                    ;Ja-Zweig           6
    Rabatt := Umsatz * 0.02                     ;Nein-Zweig         7
    ),                                                           ; 8
    Netto := Umsatz - Rabatt,                                    ; 9
§eraseprompt,                                                    ;10
§prompt("   Umsatz: " & §currency(Umsatz) & "   Rabatt: "       ;11
            & §currency(Rabatt) & "   Nettobetrag: "             ;12
            & §currency(Netto))                                  ;13
```

Kommentar zur Codierung

Gegenüber dem Programm RABATT1 ist die Programmzeile 7 dazugekommen. Diese Anweisung wird durchgeführt, wenn die Bedingung nicht wahr ist. Sie bildet also den Nein-Zweig.

Die übrigen Anweisungen finden sich auch in **Programm RABATT1.**

Die Funktion §if

Syntax:	§if(Bedingung,	
	Dann-Anweisung,	(Ja-Zweig)
	Sonst-Anweisung	(Nein-Zweig)
	)	
Beispiel:	§if(Umsatz > 1000,	
	Rabatt := Umsatz * 0.05,	
	Rabatt := Umsatz * 0.02	
	)	

Nur wenn die Bedingung zutrifft, wird die Dann-Anweisung durchgeführt, andernfalls die Sonst-Anweisung.

Sie können die §if-Anweisung auch in komprimierter Form schreiben:

```
§if(Umsatz >1000,Rabatt:=Umsatz * 0.05, Rabatt:=Umsatz * 0.02),
```

In dieser kompakteren Schreibweise läuft das Programm schneller. Allerdings geht diese Temposteigerung zu Lasten der Lesbarkeit. Außerdem können Sie bei diesem kurzen Programm die Temposteigerung nicht wahrnehmen.

Mehrfachverzweigung (mehrfache Alternative)

Bei der Behandlung der Schleifenstruktur haben Sie das Programm SORTEN erstellt. Hierbei wurden nur Währungen mit dem Divisor 100 bearbeitet. Es konnten also weder Lire noch US-Dollars abgerechnet werden. Durch eine Kombination von Abfragen läßt sich dieses Problem lösen.

Es gibt jedoch noch eine einfachere bzw. elegantere Art, ähnliche Aufgabe innerhalb eines Programms zu lösen. Dazu dient das Verfahren der **Mehrfachverzweigung.**

Erstellen Sie die beiden **Programm SORTEN** und **FESTGELD.** Diese fassen Sie im **umfassenden Frame MEHRFACH** zusammen.

Mehrfachverzweigung
Programm 24: SORTEN

Problemstellung

Lassen Sie einen DM-Betrag in Sorten unterschiedlicher Währungen umrechnen.

Problemanalyse

- Programmname: SORTEN
- Ausgabedaten: Sortenbetrag,
- Eingabedaten: DM-Betrag, Kurs, Währungsart

- Variablen:

Name	Bedeutung
DM	DM-Betrag
Kurs	Umrechnungskurs
Sorten	Sortenbetrag
Nr	Währungsart

- Rechenbefehle:

```
Sorten := DM / Kurs
Sorten := DM / Kurs * 1000
Sorten := DM / Kurs * 100
```

Struktogramm

Eingabe DM-Betrag		
Eingabe Währungsart		
Eingabe Kurs		
Währungart		
1	2	3
US-$, engl. Pfund berechnen	Lira berechnen	Sonstige Währungen
Ausgabe Sorten		

Codierung

```
§local(Nr, DM, Kurs, Sorten),                              ; 1
§eraseprompt,                                              ; 2
§prompt("Umrechnung DM in Sorten. Weiter mit Taste.",25), ; 3
§nextkey,                                                  ; 4
DM := §value(§inputline("DM-Betrag")),                    ; 5
Nr := §value(§inputline(                                  ; 6
    "1 = US-$ o. engl.Pfund, 2 = Lira, 3 = Sonstige","3", ; 7
      #no,#yes,#yes)),                                     ; 8
Kurs := §value(§inputline("Kurs")),                       ; 9
§select(Nr,                                               ;10
    Sorten := DM / Kurs,                                  ;11
    Sorten := DM / Kurs * 1000,                           ;12
    Sorten := DM / Kurs * 100                             ;13
    ),                                                    ;14
§eraseprompt,                                             ;15
§prompt("Betrag an Sorten: " & §business(Sorten),30)      ;16
```

Kommentar zur Codierung

Gemäß Programmzeile 7 wird die Auswahl ausgegeben:

```
1 = US-$ o. engl.Pfund, 2 = Lira, 3 = Sonstige
```

Die Ziffer 3 wird dabei als Vorgabe für die Editierzeile verwendet.

Durch die Eingabe wird der Variablen *Nr* je nach Art der Währung ein Wert gemäß den Programmzeilen 6 bis 8 zugewiesen.

In der Mehrfachverzweigung in den Programmzeilen 10 bis 14 wird entsprechend der Währungsart der jeweilige Sortenbetrag berechnet.

Die Funktion §select

Syntax:
```
§select(Index,
        Ausdruck1,
        Ausdruck2,
        .....
        Ausdruck
        )
```

Beispiel:
```
§select(Nr,
        Sorten := DM / Kurs,
        Sorten := DM / Kurs * 1000,
        Sorten := DM / Kurs * 100
        )
```

Die Funktion §select ist die Fallunterscheidungs-Anweisung in FRED und entspricht der CASE-Anweisung in Pascal und dBASE.

Mit dieser Funktion können Sie durch den Index bestimmen, welcher Ausdruck abgearbeitet wird. Hat der Index den numerischen Wert 1, so wird Ausdruck1 abgearbeitet usw.

Mehrfachverzweigung
Programm 25: FESTGELD

Problemstellung

Die Anwendung FESTGELD beschäftigt sich mit der Anlage von Festgeld. Die Anlagedauer wird in drei Gruppen eingeteilt:

```
1 :  30 -  89 Tage
2 :  90 - 179 Tage
3 : 180 - 359 Tage
```

Jede dieser drei Gruppen wird ein eigener Zinssatz zugeordnet: 4, 5 und 5.5 %

Legen Sie besonderen Wert auf Plausibilität

Nun könnten Sie natürlich den Rechner mittels der eingegebenen Tage bestimmen lassen, ob die Anlage zur Gruppe 1, 2 oder 3 gehört. Damit können sich allerdings bei der Dateneingabe Fehler einstellen.

Um diese weitgehendst zu vermeiden, lassen Sie den Anwender zwei Eingaben vornehmen, einmal die Anlagedauer in Tagen und zum anderen die Gruppe der Anlagedauer. Sie können dann im Programm prüfen lassen, ob beide Eingaben miteinander übereinstimmen.

Damit haben Sie eine Kontrollmöglichkeit, ob Sie als Anwender auch tatsächlich konzentriert bei der Arbeit sind.

Codierung

Da der Code zum Programm FESTGELD insgesamt 69 Zeilen umfaßt, weisen Kommentarzeilen im Programm auf die einzelnen Teilaufgaben des Programms hin (interne Programmdokumentation).

```
;Deklaration lokaler Variablen                                        1
§local(Nr,Betrag,Fehler,Max,Min,Tage,Weiter,Zins,Zinsfuß),         ; 2


;Schleifenbeginn                                                      3
Weiter := "J",                                                      ; 4
§while(Weiter ="J",                                                 ; 5


;Eingabe Betrag                                                       6
     Fehler:="N",                                                   ; 7
     Betrag:=§value(§inputline("Anlagebetrag", "10000",            ; 8
          #no,#yes,#yes)),                                          ; 9
     §if(Betrag < 10000,                       ;Abfrage 1           10
        §list(§eraseprompt,                     ;Liste 1            ;11
           §prompt("Mindestanlagebetrag für Festgeld: 10.000,- DM." ;12
              & " Taste   ",20),                                   ;13
           §nextkey,                                               ;14
           Fehler:="J"                                             ;15
           )                                    ;Ende Liste 1       ;16
        ),                                      ;Ende Abfrage 1     ;17


;Eingabe Gruppe der Anlagedauer                                      18
     §if(Fehler="N",                            ;Abfrage 2         ;19
        §list(                                  ;Liste 2           ;20
        Nr:=§value(§inputline("Anlagedauer: 1 = 30 bis 89 Tage,"   ;21
        & " 2 = 90 - 179 Tage, 3 = 180 bis 359 Tage")),           ;22
        §if(§or(Nr < 1, Nr > 3),                ;Abfrage 3         ;23
           §list(§eraseprompt,                   ;Liste 3           ;24
              §prompt("Für Anlagedauer 1, 2 oder 3 eingeben."&     ;25
              " Taste",20),                                        ;26
              §nextkey,                                            ;27
              Fehler:="J"                                          ;28
              )                                 ;Ende Liste 3       ;29
           )                                    ;Ende Abfrage 3     ;30
        )                                       ;Ende Liste 2       ;31
     ),                                         ;Ende Abfrage 2     ;32


;Eingabe Anlagedauer in Tagen                                        33
     §if(Fehler="N",                            ;Abfrage 4         ;34
        §list(                                  ;Liste 4           ;35
        Tage:=§value(§inputline("Anlagedauer in Tagen ")),        ;36
         §select(Nr,                            ;Mehrfachverzweigung ;37
            §list(                              ;Liste 5           ;38
               Min:=30, Max:=89,                                  ;39
               Zinsfuß := 4                                        ;40
               ),                               ;Ende Liste 5       ;41
```

```
        §list(                          ;Liste 6              ;42
            Min:=90, Max:=179,                               ;43
            Zinsfuß := 5                                     ;44
            ),                          ;Ende Liste 6        ;45
        §list(                          ;Liste 7             ;46
            Min:=180, Max:=359,                              ;47
            Zinsfuß := 5.5                                   ;48
            )                           ;Ende Liste 7        ;49
        ),                              ;Ende Mehrfachverzw. ;50
    §if(§or(Tage < Min, Tage > Max),    ;Abfrage 5           ;51
        §list(                          ;Liste 8             ;52
            §eraseprompt,                                    ;53
            §prompt("Falscheingabe bei der Anlagedauer. "    ;54
                & "Weiter mit Taste",15),                    ;55
            §nextkey,                                        ;56
            Fehler:="J"                                      ;57
            )                           ;Ende Liste 8        ;58
        )                               ;Ende Abfrage 5      ;59
      )                                 ;Ende Liste 4        ;60
    ),                                  ;Ende Abfrage 4      ;61


;Zinsberechnung und Ausgabe                                  62
    §if(Fehler = "N",                   ;Abfrage 6           ;63
      §list(                            ;Liste 9             ;64
        Zins:=Betrag * Zinsfuß / 100 * Tage /360,            ;65
        §eraseprompt,                                        ;66
        §prompt(§currency(Zins) & " Zins bei DM "            ;67
            & §currency(Betrag) & " in "                     ;68
            & §integer(Tage) & " Tagen.  Taste!",20),        ;69
        §nextkey                                             ;70
        )                               ;Ende Liste 9        ;71
      ),                                ;Ende Abfrage 6      ;72


;Weitere Berechnung                                          73
    Weiter:=§inputline("Weitere Berechnung ?  <J o. N> ","J",  ;74
        #no,#yes,#no)                                        ;75
    )                                   ;Ende Schleife       ;76
```

Kommentar zum Programmcode

Der Variablen 'Weiter' wird in Zeile 2 der String 'J' zugewiesen. Die Schleife dient solange der Berechnung von Zinsen, wie 'Weiter' den Inhalt 'J' aufweist. Die Schleife beginnt in Zeile 5 und endet in Zeile 76.

Liegt ein Eingabefehler vor, so erfolgt eine Fehlermeldung. Die Variable 'Fehler' erhält den String 'J'. Da ein Fehler vorliegt, wird der Anwender gemäß Zeile 74 gefragt, ob er eine weitere Berechnung wünscht.

Wenn kein Fehler vorliegt, erfolgt die Berechnung und die Ausgabe der Zinsen.

2.4 Unterablaufstruktur   Datei: 28UP

Programmübersicht

Programm-Nummer	Programm-Name	Problemstellung
26	SKONTO	Skontoberechnung mit einstufiger Unterprogrammtechnik
27	FESTGELD	Berechnung von Festgeldzinsen mit mehrstufiger Unterprogrammtechnik mit Parameterübergabe zur Plausibilitätsprüfung

Wegen unzureichender Strukturierung weisen ad-hoc-Lösungen, die in kurzer Zeit erstellt werden, oft gravierende Mängel auf.

Der Spareffekt kurzer Entwicklungszeit durch Sofort-Lösungen unter Verzicht auf angemessene organisatorische Vorarbeiten geht nicht selten nach kurzer Zeit verloren, wenn Programme neuen Anforderungen angepaßt werden müssen. Bei häufigeren Änderungen ist sogar oft mit einem Mehraufwand an Entwicklungsarbeit zu rechnen.

Insbesondere die Gliederung, die Struktur von Programmen sollten Sie vor dem Beginn der Codierung genau durchdenken.

Die induktive und die deduktive Methode zum Auffinden einer optimalen Struktur ergänzen sich je nach Aufgabenstellung mehr oder weniger.

FRAMEWORK ist ein Instrument par excellance zur **Entwicklung strukturierter Programme.**

Sie können in FRAMEWORK ein Programm in verschiedene Frames aufteilen. Die Teilprogramme lassen sich als Unterprogramme vom Hauptprogramm-Frame aus aufrufen, indem Sie vor den jeweiligen Namen des Unterframes das §- oder das @-Zeichen setzen. Jedes dieser beiden Zeichen bewirkt, daß der Inhalt eines Frames oder einer Formel berechnet wird. Im Unterablauf wird der Frame abgearbeitet.

Die Variablen, die von den verschiedenen Teilprogrammen gemeinsam benutzt werden, müssen global zur Verfügung stehen. Verwenden Sie dazu leere Textframes, welche nur den Namen der globalen Variablen tragen.

Sie erarbeiten die Unterprogrammtechnik mit dem einführenden, einfachen Programm **SKONTO** zur Skontoberechnung.

Dem zweiten Programm des **Konzepts 28UP** liegt die Problemstellung zugrunde, die bereits in der Darstellung der Alternativstrukturen in **Unterpunkt 3.2 FESTGELD** abgehandelt worden ist. Es geht um die Anlage von Festgeld. Der Name des Programms lautet auch hier wieder FESTGELD.

Die Anlagedauer wird in drei Gruppen eingeteilt:

Gruppe	Anlagedauer in Tagen	Zinssatz
1	30 - 89 Tage	4.0
2	90 - 179 Tage	5.0
3	180 - 359 Tage	5.5

Dabei wird besonderer Wert auf die Plausibilität der Eingaben gelegt. Nicht der Rechner soll bestimmen, ob eine Anlage gemäß Tageseingabe zu Gruppe 1, 2 oder 3 gehört.

Vielmehr muß der Anwender eingeben, um welche Gruppe es sich handelt. Gemäß der von ihm eingegebenen Tage kann überprüft werden, ob beide Eingaben kompatibel sind.

Damit kann der Anwender bezüglich der Genauigkeit der Dateneingabe unterstützt werden.

Das Programm kann schleifengesteuert so oft abgearbeitet werden, wie der Anwender dies wünscht.

Sie dehnen die Plausibilitätsprüfung auf alphanumerische Eingaben aus und bedienen sich der **Unterablauftechnik mit Parameterübergabe.**

Das **Konzept 28UP** zeigt folgende Eintragungen. Wegen der Übersichtlichkeit wird es zunächst auf eine einzige Konzeptebene beschränkt:

```
=[28UP]===========================================
    1   SKONTO
    2   FESTGELD
```

Bild 2.4.A Einstufige Konzeptstruktur

Wenn Sie die Konzeptstruktur auf der Anwendungsdiskette betrachten, erhalten Sie die **angegebene einstufige Konzeptstruktur durch folgende Menüwahl:**

Wählen Sie im Menü *Frame* den Punkt *Konzeptoptionen* und geben Sie für die Anzahl der Konzeptebenen die Zahl 1 ein.

Programm 26: SKONTO

Erstellen Sie für das Programm SKONTO folgendes Konzept:

```
┌─[SKONTO]════════════════════════════════════════════════╗
│     1   EINGABE                                          ║
│     2   VERARBEITUNG                                     ║
│     3   AUSGABE                                          ║
│     4   BRUTTO                                           ║
│     5   RABATTSATZ                                       ║
│     6   NETTO                                            ║
╚═════════════════════════════════════════════════════════╝
```

Bild 2.4.B Konzeptstruktur zum Programm SKONTO

Bei sämtlichen Frames handelt es sich um Text-/Leerframes.

Wenn Sie diese Konzeptstruktur mit der Lösung auf der Anwendungsdiskette vergleichen, stellen Sie fest, daß die hier angegebene Struktur eine Stufe höher angesiedelt ist. Damit wird . die Lösung übersichtlicher. Wenn Sie das Programm SKONTO aus dem Modell 28UP herauskopieren, dann befindet sich das Programm auf derselben Strukturebene.

Problemstellung

Ein Bruttobetrag und der Rabattsatz werden eingegeben. Daraus wird der Nettobetrag berechnet und ausgegeben.

Problemanalyse

- Programmname: SKONTO

- Ausgabedaten: Nettobetrag

- Eingabedaten: Bruttobetrag, Rabattsatz

- Variablen:

Name	Bedeutung
BRUTTO	Bruttobetrag
RABATTSATZ	Rabattsatz
NETTO	Netto

- Rechengang: NETTO:=BRUTTO-(BRUTTO*RABATTSATZ) / 100

- Ausgabeformat: Währung

Struktogramm

Hauptprogramm

EINGABE
VERARBEITUNG
AUSGABE

Unterprogramm **EINGABE**

Eingabe Bruttobetrag
Eingabe Rabattsatz

Unterprogramm **VERARBEITUNG**

Berechnung Nettobetrag

Unterprogramm **AUSGABE**

Ausgabe Nettobetrag

Codierung

Hauptprogramm auf dem Formelhintergrund des Frames SKONTO

```
§SKONTO.EINGABE,                                              ; 1
§SKONTO.VERARBEITUNG,                                         ; 2
§SKONTO.AUSGABE                                               ; 3
```

Unterprogramm **EINGABE** auf dem Formelhintergrund des Frames EINGABE

```
BRUTTO     := §value(§inputline("Bruttobetrag",              ; 1
                      "10000", #no,#yes,#no)),               ; 2
RABATTSATZ := §value(§inputline("Skonto in % ",              ; 3
                      "3", #no,#yes,#no))                    ; 4
```

Unterprogramm **VERARBEITUNG** auf dem Formelhintergrund des Frames VER-
ARBEITUNG

```
NETTO := BRUTTO - (BRUTTO * RABATTSATZ) / 100                ; 1
```

Unterprogramm **AUSGABE** auf dem Formelhintergrund des Frames AUSGABE

```
§eraseprompt,                                                ; 1
§prompt ("Nettobetrag: " & §currency(NETTO),25)             ; 2
```

Wenn Sie das Programm SKONTO in das Konzept 28UP kopieren, liegt es auf derselben Konzeptebene wie auf der Beispieldiskette.

Lokale Variablen

Diese stehen nur in dem Programm-Frame zur Verfügung, in dem sie deklariert sind. Das Programm SKONTO zerlegt jedoch mit der Unterprogrammtechnik die Gesamtaufgabe in die drei Teilaufgaben Eingabe, Verarbeitung und Ausgabe.

Würden die Variablen BRUTTO, RABATTSATZ und NETTO im Unterprogramm EINGABE lokal definiert, dann wäre der Wirkungsbereich dieser Variablen auf das Unterprogramm EINGABE beschränkt. Mit so definierten Variablen können die Unterprogramme VERARBEITUNG und AUSGABE nicht arbeiten.

Globale Variablen

Sie benötigen global definierte Variablen. Diese definieren Sie, indem Sie jeweils einen **Textframe** erstellen und ihn mit dem Variablennamen benennen. Es handelt sich um die Frames 4 bis 6 gemäß obiger Konzeptstruktur zum Programm SKONTO.

Das Programm SKONTO wurde gewählt, um die Funktionsweise der Unterprogrammtechnik in seiner einfachsten Form darzustellen.

Unterprogrammtechnik mit Parameterübergabe
Programm 27: FESTGELD

Das zweite Beispiel im **Konzept 28UP** ist wesentlich komplexer. Es verwendet die Technik der Parameterübergabe. Damit läßt sich eine effiziente Plausibilitätsprüfung ohne großen Aufwand realisieren.

Wenn Sie nicht tiefer in die FRED-Programmierung einsteigen wollen, können Sie dieses Programm übergehen.

Erstellen Sie das Konzept FESTGELD aus Textframes.

```
┌─[FESTGELD]════════════════════════════════════════════
│  1  EINGABE
│     1.1  PLAUSI
│  2  VERARBEITUNG
│  3  AUSGABE
│  4  VAR
│     4.1  EIN
│     4.2  BETRAG
│     4.3  NR
│     4.4  TAGE
│     4.5  ZINSSATZ
│     4.6  ZINS
```

Bild 2.4.C Konzeptstruktur zum Programm FESTGELD

Auch hier ist das Konzept eine Stufe höher fixiert als auf der Anwendungsdiskette. Damit wird die Struktur einfacher. Wenn Sie dieses Konzept nach seiner Fertigstellung in das Konzept 28UP kopieren, steht es auf demselben Niveau, wie auf dem Modell, das auf der
Anwendungsdiskette gespeichert ist.

Struktur eines Programms in Konzeptform

Das Programm FESTGELD ist als Konzept aufgebaut. Die einzelnen
Elemente dieses Konzepts sind durchnumeriert. Die Grobstruktur dieses Programms können Sie leicht an der Schreibweise dieses Konzepts erkennen, insbesondere an der Numerierung der einzelnen
Frames und an der eingerückten Darstellung.

- Steht keine Ziffer vor dem Namen des Frames, so handelt es sich
  um die **Hauptebene** des Programms, also z. B. FESTGELD.
- eine einzige Ziffern zeigt die **erste Unterablaufebene** an,
  z. B. 1 EINGABE
- zwei Ziffern bezeichnen die **zweite Unterablaufebene,**
  z. B. 1.1 PLAUSI

Dieses Konzept enthält ein Unterprogramm mit Parameterübergabe
zur Abweisung nicht plausibler numerischer und alphanumerischer
Eingaben. In **Unterablauf EINGABE** werden die Parameter zusammen-
gestellt, die dem **Unterablauf PLAUSI** zur Bearbeitung übergeben
werden.

Bündelung globaler Variablen

Wie oben bei der Konzeptstruktur angegeben, bündeln Sie die globalen Variablen um den Frame VAR.

```
┌─[FESTGELD] ═══════════════════════════════════════════
│   4   VAR
│       4.1   EIN
│       4.2   BETRAG
│       4.3   NR
│       4.4   TAGE
│       4.5   ZINSSATZ
│       4.6   ZINS
└──────────────────────────────────────────────────────
```

Bild 2.4.D Gebündelte Variablen

Sie haben bei der Codierung einen größeren Schreibaufwand, wenn Sie die globalen Variablen bündeln. Verzichten Sie jedoch darauf, ist die Struktur des gesamten Programms nicht mehr so übersichtlich.

Ohne Bündelung würden die globalen Variablen wie folgt im Konzept FESTGELD erscheinen:

```
┌─[FESTGELD]════════════════════════════════════════════
│     4   EIN
│     5   BETRAG
│     6   NR
│     7   TAGE
│     8   ZINSSATZ
│     9   ZINS
└──────────────────────────────────────────────────────
```

Bild 2.4.E Ungebündelte Variablen

Sie würden also auf der gleichen Strukturhöhe erscheinen, wie die Unterprogramme der Stufe 1.

Sie müssen entscheiden, was Ihnen wichtiger ist, die einfachere Codierung oder die übersichtlichere Programmstruktur.

Insbesondere bei längeren Programmen sollten Sie sich für die bessere Struktur entscheiden. Dieses Vorgehen wird sich bei der Programmpflege positiv auswirken.

Codierung zum Hauptprogramm FESTGELD

```
§local(Weiter),                                          ; 1
Weiter:="J",                                             ; 2
§while(Weiter="J",                                       ; 3
     §HAUPT3.EINGABE,                                    ; 4
     §HAUPT3.VERARBEITUNG,                               ; 5
     §HAUPT3.AUSGABE,                                    ; 6
     Weiter:=§inputline("Eine weitere Berechnung "       ; 7
          & " <J o N> ", "J", #no,#yes,#no)              ; 8
     )                                                   ; 9
```

Parameterübergabe im Unterablauf EINGABE

Im Unterablauf **EINGABE** werden die folgenden vier Parameter an das
Unterprogramm **PLAUSI** übergeben und nach der Rückkehr den
angegebenen globalen Variablen zugeordnet.

Parameter			Globale Variable
§item1	§item2	§item3	
10000	100000000	"Anlagebetrag",	BETRAG
1	3	"Anlagedauer 1 = 30 bis 89 Tage, 2 = 90 - 179 Tage, 3 = 180 bis 359 Tage",	NR
wenn NR = 1: 30	89	"Anlagedauer in Tagen "	TAGE
wenn NR = 2: 90	179	"Anlagedauer in Tagen "	TAGE
wenn NR = 3: 180	359	"Anlagedauer in Tagen "	TAGE
§item4			
"Anlagebetrag nicht kleiner 10.000,- DM"			BETRAG
"1,2 oder 3 eingeben."			NR
wenn NR = 1: "30 bis 89 Tage"			TAGE
wenn NR = 2: "90 bis 179 Tage"			TAGE
wenn NR = 3: "180 bis 359 Tage"			TAGE

Bedeutung der Parameter

§item1: minimaler Wert bzw. Vorgabe in der Editierzeile

§item2: maximaler Wert

§item3: Meldung zur Eingabe für die Nachrichtenzeile

§item4: Fehlerhinweis

Codierung zum Unterablauf EINGABE

```
§FESTGELD.EINGABE.PLAUSI(10000,100000000,"Anlagebetrag",     ; 1
        "Anlagebetrag nicht kleiner 10.000,- DM"),            ; 2
FESTGELD.VAR.BETRAG := FESTGELD.VAR.EIN,                      ; 3
§FESTGELD.EINGABE.PLAUSI(1,3,"Anlagedauer 1 = 30 bis 89 "     ; 4
        & " Tage, 2 = 90 - 179 Tage, 3 = 180 bis 359 Tage",   ; 5
        "1, 2 oder 3 eingeben."),                             ; 6
FESTGELD.VAR.NR := FESTGELD.VAR.EIN,                          ; 7
§select(FESTGELD.VAR.EIN,                                     ; 8
        §FESTGELD.EINGABE.PLAUSI(30,89,"Anlagedauer "         ; 9
          & "in Tagen","30 bis 89 Tage"),                     ;10
        §FESTGELD.EINGABE.PLAUSI(90,179,"Anlagedauer ",       ;11
          "in Tagen","90 bis 179 Tage"),                      ;12
        §FESTGELD.EINGABE.PLAUSI(180,359,"Anlagedauer ",      ;13
          "in Tagen","180 bis 359 Tage")                      ;14
        ),                                                    ;15
FESTGELD.VAR.TAGE := FESTGELD.VAR.EIN                         ;16
```

Die Parameterübergabe

Syntax: §Unterablauf(Parameter1, Parameter2,...,
            Parameter16)

Beispiel: §FESTGELD.EINGABE.PLAUSI(30, 89, "Anlagedauer
              in Tagen ", "30 bis 89 Tage")

Mit dieser Funktion übergeben Sie Parameter an eine selbstdefinierte Funktion, eine Formel oder ein Programm. Diese Parameter müssen in runder Klammer nach der selbstdefinierten Funktion stehen.

Sie können maximal 16 Parameter übergeben.

Sie übergeben z. B. im Unterprogramm EINGABE an das Unterprogramm PLAUSI folgende vier Parameter:

Inhalt der Parameter	Bedeutung der Parameter
30	minimaler Eingabewert, Vorgabe
89	maximaler Eingabewert
"Anlagedauer in Tagen"	Meldung zur Eingabe
"30 bis 89 Tage"	Vorgabetext / Fehlermeldung

Im empfangenden Programm der selbstdefinierten Funktion, also im Unterablauf PLAUSI verwenden Sie als Variablen für die Parameter die Bezeichnung §item1, §item2, ... , §item16,..., §item(n). Dabei bedeutet n die Nummer des Parameters.

Struktogramm zum Unterablauf PLAUSI

Die Struktur des Unterablaufs PLAUSI läßt sich im Struktogramm leichter erkennen als im FRED-Code:

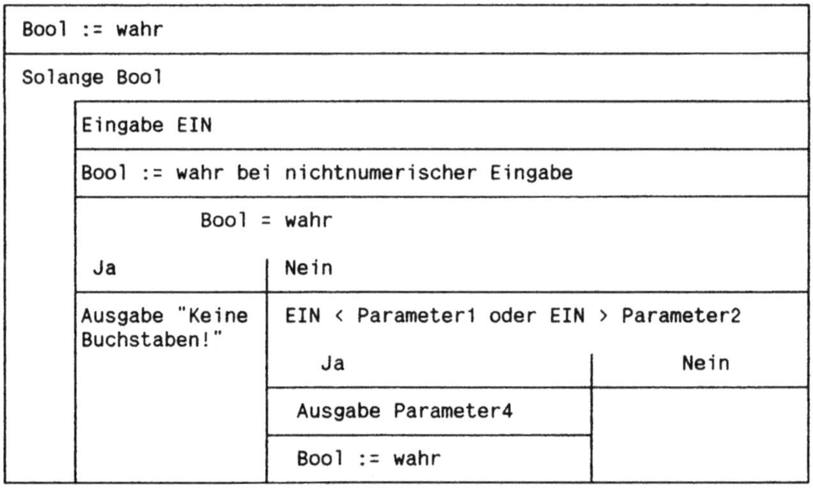

```
Bool := wahr
Solange Bool
    Eingabe EIN
    Bool := wahr bei nichtnumerischer Eingabe
    Bool = wahr
    Ja:   Ausgabe "Keine Buchstaben!"
    Nein: EIN < Parameter1 oder EIN > Parameter2
          Ja:   Ausgabe Parameter4
                Bool := wahr
          Nein: -
```

Kommentar zum Unterablauf PLAUSI

Die Eingabe wird solange wiederholt, wie Bool wahr ist, d. h. solange ein Eingabefehler vorkommt.

Bei Abarbeitung der Funktion §iserr wird die logische Variablen Bool wahr, wenn es nicht gelingt, den Wert der alphanumerischen Eingabe in numerisches Format umzuwandeln. Gelingt die Umwandlung, dann bekommt Bool den Zustand unwahr.

Ist Bool wahr, so wird die Schleife erneut abgearbeitet. Andernfalls erfolgt eine Plausibilitätsprüfung mittels der übergebenen Parameterwerte.

Ist der eingegebene Wert entweder kleiner als Parameter 1 oder größer als Parameter 2, so erfolgt eine Fehlermeldung unter Verwendung von Parameter 4. Außerdem wird Bool auf wahr gesetzt, damit die Schleife erneut abgearbeitet wird.

Codierung zum Unterablauf PLAUSI

```
§local(Bool),                                        ; 1
Bool := #true,                                       ; 2
§while(Bool,                        ;Beginn Schleife   3
    FESTGELD.VAR.EIN := §inputline(§item3,           ; 4
            §integer(§item1),#no,#yes,#no),          ; 5
    bool:=§iserr(§value(FESTGELD.VAR.EIN)),          ; 6
    §if(Bool,                       ;1. Abfrage        7
       §list(                       ;1. Liste          8
          §eraseprompt,                             ; 9
          §prompt("Keine Buchstaben eingeben! "     ;10
                & " Taste",32),                     ;11
          §nextkey                                  ;12
          ),                        ;Ende 1. Liste    13
       §list(                       ;2. Liste         14
          §if(                      ;2. Abfrage       15
             §or(                                   ;16
                §value(FESTGELD.VAR.EIN) < §item1,  ;17
                §value(FESTGELD.VAR.EIN) > §item2   ;18
                ),                                  ;17
             §list(                 ;3. Liste         18
                §eraseprompt,                       ;19
                §prompt(§item4 & "!  Taste",35),    ;20
                §nextkey,                           ;21
                Bool:=#true,                        ;22
                )               ;Ende 3. Liste        23
             )                  ;Ende 2. Verzweigung  24
          )                     ;Ende 2. Liste        25
       )                        ;Ende 1. Verzweigung  26
    ),                          ;Ende Schleife         27
FESTGELD.VAR.EIN := §value(FESTGELD.VAR.EIN)         ;28
```

Die Funktion §iserr

Syntax: §iserr(Bezug)

Beispiel: bool := §iserr(§value(FESTGELD.GLOBAL.EIN))

Ein Bezug kann ein Wert, ein Ausdruck oder eine Funktion sein.

Die Funktion §iserr ergibt #true, also wahr, wenn die Auswertung von Bezug eine der folgenden Fehlerkonstanten liefert:

> #N/A!, #VALUE!, #REF!, #DIV/0!, #NUM!, #NULL!, #TBD, #NAME?

Fehlerkonstante	Bedeutung
#N/A!	Wert ist nicht vorhanden (Not available), Bezugsframe enthält keinen Wert oder fehlerhafte Formel
#VALUE!	Formel enthält unzulässigen numerischen, alphanumerischen oder logischen Wert
#REF!	Bezug kann nicht ermittelt werden
#DIV/0!	Ausdruck führt zur Division mit Null
#NUM!	Zahl zu groß oder zu klein
#NULL!	Ende des Bereichs erreicht
#TBD	noch nicht festgelegtes Element, Wert überprüfen z. B. bei Abbruch der Berechnungen mit <Strg>-<Untbr>
#NAME?	Bezug auf einen Frame, der sich nicht auf der Arbeitsfläche befindet.

Kommentar zur Codierung von Unterablauf PLAUSI

In der Programmzeile 3 beginnt die Schleife mit der Bedingung **§while(Bool**, d. h. solange Bool wahr ist. Die Schleife endet in der Zeile 27.

In der Programmzeile 6 nimmt Bool den Wert #TRUE an, wenn ein Fehler festgestellt wird beim Versuch, den eigegebenen Wert in numerisches Format umzuwandeln. (Die Funktion **§inputline** bewirkt ein alphanumerisches Eingabeformat.) Wird kein Fehler festgestellt, so erhält Bool den Wert #FALSE.

Ist Bool wahr, d. h. es liegt ein Fehler vor, so erfolgt in den Zeilen 8 bis 13 eine Fehlermeldung.

Ist Bool jedoch nicht wahr, dann erfolgt die Bearbeitung in einem List-Befehl von Zeile 14 bis 25. Ist der eingegebene Wert kleiner als Parameter 1 bzw. größer als Parameter 2, dann erfolgt ein Fehlerhinweis und Bool wird auf wahr gesetzt, damit die Schleife wiederholt wird, um zur Eingabe eines korrekten Wertes zu kommen.

Es finden also zwei Plausibilitätsprüfungen statt, einmal die Prüfung auf numerisches Format und zum anderen die Überprüfung auf Mindest- bzw. Höchstwerte gemäß Parametervorgabe.

Codierung zum Unterablauf VERARBEITUNG

```
§select(VAR.NR,                                        ; 1
        VAR.ZINSSATZ := 4,                             ; 2
        VAR.ZINSSATZ := 5,                             ; 3
        VAR.ZINSSATZ := 5.5,                           ; 4
       ),                                              ; 5
VAR.ZINS := VAR.BETRAG * VAR.ZINSSATZ                  ; 6
                 * VAR.TAGE / 36000                    ; 7
```

Kommentar zur Codierung von Unterablauf VERARBEITUNG

In Abhängigkeit des Wertes der globalen Variablen NR wird der globalen Variablen ZINSSATZ in einer Mehrfachverzweigung ein Wert zugewiesen.

Codierung zum Unterablauf AUSGABE

```
§eraseprompt,                                          ; 1
§prompt ("Zins: " & §currency(VAR.ZINS)               ; 2
             & "  Weiter mit Taste",25),               ; 3
§nextkey                                               ; 4
```

3. FRED's Besonderheiten

Modelle	Dateien
3.1 Dynamische Formeln	29DYNAFO
3.2 Makros	30MAKRO
3.3 Tastaturfilter	31FILTER

3.1 Dynamische Formeln   Datei: 29DYNAFO

P r o g r a m m ü b e r s i c h t

Programm- Nummer	Programm- Name	Problemstellung
28	LAGER	Eintrag je Artikel in eine Tabelle Bestands- und Wertberechnung Summation über sämtliche Tabellen
29	ABFRAGE	Verzweigung in die Programme PRG1 und PRG2
30	PRG1	Automatisierte Abfragen aus einer Adreßdatenbank nach dem Ort
31	PRG2	Automatisierte Abfragen aus einer Adreßdatenbank nach verschiedenen Kriterien

Sie wollen einfachere FRED-Programme schreiben

Wenn Sie einfachere Programme mit FRED schreiben wollen, dann können Sie dieses Kapitel überschlagen.

Sie wollen komplexere Probleme mit FRED lösen

Wollen Sie jedoch komplexere Probleme lösen, sind folgende Gedanken für Sie von Bedeutung.

Flexibel auch ohne dynamische Formeln

Mit FRAMEWORK verfügen Sie über ein flexibles System zur Lösung von Aufgaben, die Rechenarbeit erfordern. Dazu stehen Ihnen die Instrumente der Datenbank und der Tabelle zur Verfügung.

Sie können diese Instrumente nicht nur einzeln verwenden. Sie können sie auch verknüpfen. Wollen Sie z. B. die Summe der Beträge der Zellen A10 der beiden Tabellen ARTIKEL1 und ARTIKEL2 errechnen, dann schreiben Sie in den Formelhintergrund der Ergebniszelle die Formel:

```
ARTIKEL1.A10 + ARTIKEL2.A10.
```

Wollen Sie jedoch nicht die Summe aus zwei, sondern aus einer größeren Anzahl, z. B. aus 60 Tabellen ermitteln, dann ist der Aufwand zum Schreiben der Summenformel relativ hoch, denn Sie müssen dazu in die Ergebniszelle die Namen der 60 zu summierenden Tabellen schreiben.

Erhöhung der Programmflexibilität mit dynamischen Formeln

Sie können das Problem einfacher lösen, wenn Sie Ihre Tabellen durchnumerieren, also z. B. die Akürzung ART (für Artikel) als Name des Frames verwenden und dahinter eine Ziffer anfügen, sodaß die Namen der Frames lauten: ART1, ART2, usw.

Sie müssen allerdings in die Summenformel den Namen des Frames integrieren. Dieser muß in der Formel als Variable enthalten sein, während Sie den Namen des Frames bisher als Konstante verwendet haben.

Durch diese Erweiterung der Programmiermöglichkeiten werden Ihre FRAMEWORK-Anwendungen wesentlich flexibler.

Wie Sie die Summation einer großen Zahl von Tabellen mit wenig Aufwand bewerkstelligen, zeigt Ihnen das **Konzept 29DYNAFO**.

Es enthält neben dieser Anwendung zur Summenbildung ein Modell zur automatisierten Datenbankabfrage.

Das **Konzept 29DYNAFO** weist folgende Hauptstruktur auf der ersten Gliederungsebene auf:

```
┌─[29DYNAFO]══════════════════════════════════════════════════╕
│       1   LAGER                                              │
│       2   ABFRAGE                                            │
└──────────────────────────────────────────────────────────────┘
```

Bild 3.1.A Hauptstruktur des Konzepts DYNAFO

Achten Sie auf den Speicherengpaß der 640-KB-Grenze

Wenn Sie eine größere Anzahl von Tabellen miteinander verknüpfen, müssen Sie einen Engpaß von FRAMEWORK beachten:

> *Es werden sämtliche aktuell zu bearbeitenden Dateien im Haupt-*
> *speicher gehalten. Die Hauptspeicherkapazität ist jedoch begrenzt*

Bei einem Test mit einem 640-KB-Hauptspeicher standen nach dem Laden von FRAMEWORK 3.1 noch 253.952 Bytes zur Verfügung. Für 1000 Zahlen wurden 54.304 Bytes Speicher belegt. Es konnten also knapp 5000 Zahlen im Hauptspeicher gehalten werden.

Speichererweiterung

Über das **Programm SETUPFW** können Sie eine virtuelle Speichererweiterung vornehmen.

Wenn Sie eine solche Erweiterung auf der Platte realisieren, wird die Verarbeitung Ihrer Anwendung stark verzögert.

Verwenden Sie eine virtuelle Erweiterung des Hauptspeichers über ein Extended Memory, dann arbeitet FRAMEWORK zwar schneller als bei einer Auslagerung auf Platte, jedoch langsamer als innerhalb des 640-KB-Bereichs, da immer wieder ein Teil der Anwendung in den 640-KB-Bereich ein- bzw. ausgelagert werden muß.

Es ist zu hoffen, daß die stetige Weiterentwicklung von Hard- und Software bald zu einer hinreichenden Lösung dieses Speicher- und Zeitproblems führt.

Zu Testzwecken wurde eine Speichererweiterung auf der Hauptplatine auf 2.048 KB vorgenommen. Damit wurden maximal ca. 28.000 Zahlen gleichzeitig im Speicher gehalten.

Das Kopieren von 2.000 Zahlen dauerte bei Verwendung eines INTEL 80286-Prozessors mit 10 MHz Taktfrequenz unter MD-DOS Version 3.3 ca. 4 Sekunden außerhalb der 640-KB-Grenze.

Bei Erreichen der Speichergrenze des Extended Memory erscheint die Nachricht:

> *Für Operation Speicherplatz schaffen durch Löschen/Abspeichern von Dokumenten.*

Lagerhaltung mit dynamischen Formeln
Programm 28: LAGER

Für das erste der beiden Modelle im Konzept 29DYNAFO benötigen Sie folgendes Teilkonzept:

```
=[LAGER]=
    1    ART1
    2    ART2
    3    ART3
    4    GESAMT
```

Bild 3.1.B Teilkonzept zum Lagermodell

Es handelt sich um drei Tabellen für die Artikel 1 bis 3 und eine weitere Tabelle mit den Gesamtbeträgen, den Summen aus den drei Artikeltabellen.

Die Tabelle ART1 zeigt folgenden Aufbau:

```
=[ART1]===============================================================
     A      B        C      D        E  F   G        H       I        J     K
  1    Lagerbestand Artikel Nr:    2401          Stückpreis in DM:     5,00
  2    Anfangsbestand in Stück:    500           Lagerwert in DM:   2500,00
  3
  4    Datum       Zugang Abgang  EkPreis   Bestand Wert je  Wert je  Wert des
  5                in     in      i.DM je   in      Kauf     Verkauf  Bestands
  6                Stück  Stück   Stück     Stück   in DM    in DM    in DM
  7
  8    01.01.90     500  Anfangsbestand      500   2500,00            2500,00
  9    04.01.90     100            5,00      600    500,00            3000,00
 10    08.01.90     200            5,10      800   1020,00            4020,00
 11    15.01.90            100               700            504,00    3516,00
 12    18.01.90     300            5,00     1000   1500,00            5016,00
 13    22.01.90            300               700           1512,00    3504,00
 14    27.01.90     400            5,10     1100   2040,00            5544,00
 15
 16
 17
 18
 19
 20
 21
 22
 23    Anzahl:        5      2             1100                       Wert:
 24    Summen:     1500    400                   7560,00 2016,00      5544,00
 25    ø Anschaffungspreis:        5,04
```

Bild 3.1.C Lagertabelle ART1

Entwicklung der Lagertabelle

Bei dieser Tabelle sind zunächst Eingaben für die Zellen E2 , J1 und
J2 vorzunehmen.

Der Lagerwert in DM in der Zelle J2 läßt sich mit folgender Formel
berechnen:

```
E2 * J1   (Anfangsbestand in Stück * Stückpreis in DM)
```

Die Tabelle enthält einen Eingabebereich von der Zelle B8 bis zur
Zelle E21. Dabei werden in der Zeile 8 zunächst die Anfangswerte aus
den Kopfzeilen mit folgende Formeln übertragen:

Zelle	Formel
C8	E2
G8	E2
H8	J2
J8	J2

Bei einem Zugang geben Sie das Datum, die Stückzahl und den EK-Preis (=Einkaufspreis), bei einem Lagerabgang nur das Datum und die Stückzahl ein.

Der Preis je Stück beim Lagerabgang wird nach der **Methode des gewogenen Durchschnitts** im Wege der **Skontration** ermittelt. Es werden die jeweiligen Teilmengen des Bestands mit dem jeweiligen Einkaufspreis multipliziert. Anschließend wird der durchschnittliche Preis je Stück ermittelt. Diese Berechnung erfolgt bei jedem Zugang erneut, d. h. der gewogene Durchschnitt wird bei jedem Zugang angepaßt. Die Lagerabgänge werden zu dem jeweils aktuellen Durchschnitt bewertet. Wenn sich im Laufe fortschreitender Durchschnittsbildung der Durchschnitt ändert, werden alle vorher bereits bewerteten Lagerabgänge erneut mit dem aktuellen Durchschnittswert berechnet.

Die Berechnungen erfolgen im Bereich G9:J21 und in den Zeilen 23 bis 25.

Sie berechnen den **Bestand in Stück** in Zelle G9 nach folgender Formel:

```
§if(§isna(B9)," ",§if(§isna(C9),G8-D9,G8+C9))
```

Die Funktion §isna

> *Syntax:*   §isna(Ausdruck)
> *Beispiel:*   §isna(B9)

Die Funktion §isna ergibt den Wert #TRUE, wenn der Ausdruck den Wert #N/A! hat, wenn der Ausdruck also nicht belegt ist.

Die Formel zur Berechnung des **Bestands in Stück** beginnt mit folgendem Teil:

```
§if(§isna(B9)," ",
```

Damit werden in Zelle G9 Leerstellen eingetragen, falls in Zelle B9 kein Eintrag vorhanden ist. Ohne diesen Formelteil würde in Zelle G9 die für den EDV-Unkundigen störende Meldung

```
#VALUE!
```

eingetragen, falls in Zelle B9 keine Daten zur Berechnung vorhanden sind.

```
§if(§isna(B9)," ",§if(§isna(C9),G8-D9,G8+C9))
```

Andernfalls, wenn ein Eintrag in Zelle B9 vorhanden ist, sind zwei Fälle zu unterscheiden: Im einen Fall ist eine Eintragung in Zelle C9 vorhanden. Es handelt sich um einen Kauf. Im anderen Fall liegt ein Verkauf vor, der in Zelle D9 enthalten ist.

Beim Verkauf ergibt sich der Bestand mit folgendem Teil der Formel: G8-D9, beim Kauf mit: G8+C9.

Den **Wert je Kauf in DM** in Zelle H9 berechnen Sie mit:

```
§if(§isna(C9)," ",C9 * E9)
```

Wenn in Zelle C9 kein Wert enthalten ist, dann werden in Zelle H9 Leerstellen ausgegeben, andernfalls wird der Wert des Kaufs in DM als Produkt aus Zugang in Stück und EK-Preis je Stück berechnet.

Die Berechnung des **Wertes je Verkauf** ist komplizierter. Dazu werden Summen benötigen. Deshalb wird die Formel zur Berechnung des Werts des **Bestands in DM** vorgezogen. Die Formel in Zelle J9 lautet:

```
§if(§isna(B9)," ",§if(§isna(C9),J8 - I9, J8 + H9))
```

Ist kein Datum in der Zelle B9 eingetragen, dann darf in Spalte J keine Ausgabe erfolgen. Ist ein Eintrag für das Datum und für den Zugang vorhanden, wird der neue Wert mit J8 + H9 berechnet . Es wird zum bisherigen Wert des Bestands der Wert des Kaufs addiert. Andernfalls wird der Wert des Verkaufs vom bisherigen Wert des Bestands subtrahiert.

Zur Berechnung des **Werts je Verkauf** in DM benötigen Sie den durchschnittlichen Anschaffungspreis, den Sie mit den beiden folgenden Berechnungen ermitteln:

Die **Summe der Werte je Kauf inklusive dem Wert des Anfangsbestandes** wird in Zelle H24 errechnet:

```
§sum(H8:H21)
```

Den **Zugang in Stück, inklusive der Stückzahl des Anfangsbestandes,** bestimmen Sie in Zelle C24 mit:

```
§sum(C8:C21)
```

Somit kann der **durchschnittliche Anschaffungspreis** in der Zelle E25 berechnet werden:

```
H24 / C24
```

Jetzt können Sie den **Wert je Verkauf in DM** in Zelle I9 berechnen:

```
§if(§isna(D9)," ",D9 * E$25)
```

Falls kein Eintrag in der Zelle D9 vorhanden ist, erfolgt keine Ausgabe. Andernfalls wird das Produkt aus Abgang in Stück und dem durchschnittlichen Anschaffungspreis bestimmt. Da die Zelle E25 beim Kopieren der Formel nicht geändert werden darf, ist die Angabe der Zeile absolut adressiert.

Kopieren Sie jetzt die Formeln der Zellen G9 bis J9 nach unten bis in Zeile 21.

Für die Anzahl und die Summen benötigen Sie folgende Formeln:

Zelle	Formel	Inhalt
C23	§count(C8:C19)	Anzahl Zugänge inkl. Anfangsbestand
D23	§count(D8:D19)	Anzahl Abgänge
D24	§sum(D8:D21)	Summe der Abgänge in Stück
I24	§sum(I8:I21)	Summe der Werte der Abgänge

Kopie aus einer Zeile, in welche zuletzt eingetragen wurde

Sie wollen in der Zelle G23 den letzten Bestand in Stück eintragen, damit Sie später die Summen dieses jeweils letzten Bestands über alle Artikel, alle Tabellen hinweg summieren können.

Dieser letzte Bestand in Stück kann sich je nach Stand der Eintragungen in einer der Zeilen 8 bis 21 in der Spalte G befinden. Diese letzte Eintragung nimmt **keinen festen Platz** ein.

Sie können mit der **Funktion §count** bestimmen, wie viele Zellen eines Bereichs bereits mit Zahlen belegt sind. Zu diesem Wert müssen Sie die Ziffer 7 addieren, da sieben Zellen der Spalte G bereits mit Konstanten belegt sind. Die Formel hierzu lautet:

```
§count(G8:G21) + 7
```

Damit haben Sie aber erst die Zeilennummer der Zelle ermittelt, deren Inhalt Sie in Zelle G23 kopieren wollen.

Sie müssen noch die Zeilenangabe mit der Spaltenangabe verbinden.

Eine dynamische Formel verknüpft eine Funktion mit einer Spaltenbezeichnung

Die Verbindung eines Ausdrucks mit einer Spaltenkoordinate zur Berechnung eines Zelleninhalts können Sie mit einer dynamischen Formel durchführen.

Die Lösung bringt das folgende kurze Programm in der Zelle G23:

```
§local(A),A := "G" & §integer(§count(G8:G21) + 7),§A
```

Es handelt sich um ein komplettes Programm aus drei Anweisungen. Da das Programm relativ kurz ist, wurde die kompakte, einzeilige Schreibweise gewählt.

Sie wandeln das Ergebnis der Formel zur Berechnung der Zeilenposition mit der Funktion §integer in einen String um:

```
§integer(§count(G8:G21) + 7)
```

Verbinden Sie diesen Formelteil zur Ermittlung der Zeilenposition durch das &-Zeichen mit der Spaltenposition G. Das G muß dabei in Anführungszeichen gesetzt werden.

Damit lautet die gesamte Formel:

```
"G" & §integer(§count(G8:G21)+7)
```

Sie müssen noch eine lokale Variable deklarieren und den String dieser Variablen zuordnen:

```
§local(A),A:="G" & §integer(§count(G8:G21)+7),
```

Die lokale Variable A bekommt beim Programmdurchlauf z. B. den Inhalt G14, also den Namen der gesuchten Zelle. Damit **erstellt FRAMEWORK** während des Programmlaufs folgende Formel:

```
A := G14
```

Mit dem Befehl §A, der Berechnung der String-Formel, erhalten Sie den Inhalt der gesuchten Zelle, z. B. in Zelle G14 den Wert 1100.

Mit einer dynamischen Formel speichern Sie Strings in einer Variablen. Diese Variable wird bei Verwendung des §-Zeichens neu berechnet.

Die **Bezeichnung dynamisch** bedeutet, daß die Formel erst beim Programmlauf erstellt und ausgewertet wird, was die Flexibilität des Programms stark erhöht.

Das Programm in der Zelle J24 lautet analog:

```
§local(A),A := "J" & §integer(§count(J8:J21) + 7),§A
```

Die vorgestellte Programmtechnik mit den dynamischen Formeln führt nur dann den gewünschten Effekt herbei, wenn die Eintragungen lückenlos sind, d. h. wenn innerhalb des Bereichs der eingegebenen Daten keine Zeile aus Versehen übersprungen wird und damit leer bleibt.

Die Tabellen ART2 und ART3

Fertigen Sie zwei Kopien der Tabelle ART1 an und sorgen Sie dafür, daß durch Ihre Eingaben nach den Berechnungen folgender Output entsteht:

```
┌─[ART2]════════════════════════════════════════════════════════════════════
│
│     A      B        C      D       E      F    G        H          I        J      K
│  1    Lagerbestand Artikel Nr:   2402           Stückpreis in DM:    15,00
│  2    Anfangsbestand in Stück:    200           Lagerwert in DM:   3000,00
│  3  ┌─────────────────────────────────────────┬─────────────────────────────────
│  4  │ Datum    Zugang Abgang  EkPreis          │ Bestand Wert je    Wert je   Wert des
│  5  │          in     in      i.DM je          │ in      Kauf       Abgang    Bestands
│  6  │          Stück  Stück   Stück            │ Stück   in DM      in DM     in DM
│  7  ├─────────────────────────────────────────┼─────────────────────────────────
│  8  │ 01.01.90    200 Anfangsbestand           │    200  3000,00              3000,00
│  9  │ 03.01.90    200          15,00           │    400  3000,00              6000,00
│ 10  │ 08.01.90    200          14,00           │    600  2800,00              8800,00
│ 11  │                                          │
│ 12  │                                          │
│     │                                          │
│ 20  │                                          │
│ 21  │                                          │
│ 22  └─────────────────────────────────────────┴─────────────────────────────────
│ 23    Anzahl:       3       0                     600                   Wert:
│ 24    Summen:     600       0                          8800,00    0,00 8800,00
│ 25    ∅ Anschaffungspreis:     14,67
│
└────────────────────────────────────────────────────────────────────────────
```

Bild 3.1.D Lagertabelle ART2

Entwicklen Sie entsprechend die **Tabelle ART3**

```
┌─[ART3]════════════════════════════════════════════════════════════════════
│
│     A      B        C      D       E      F    G        H          I        J      K
│  1    Lagerbestand Artikel Nr:   2403           Stückpreis in DM:     7,00
│  2    Anfangsbestand in Stück:    450           Lagerwert in DM:   3150,00
│  3  ┌─────────────────────────────────────────┬─────────────────────────────────
│  4  │ Datum    Zugang Abgang  EkPreis          │ Bestand Wert je    Wert je   Wert des
│  5  │          in     in      i.DM je          │ in      Kauf       Abgang    Bestands
│  6  │          Stück  Stück   Stück            │ Stück   in DM      in DM     in DM
│  7  ├─────────────────────────────────────────┼─────────────────────────────────
│  8  │ 01.01.90    450 Anfangsbestand           │    450  3150,00              3150,00
│  9  │ 05.01.90         100                     │    550     0,00   700,00 2450,00
│ 10  │                                          │
│     │                                          │
│ 21  │                                          │
│ 22  └─────────────────────────────────────────┴─────────────────────────────────
│ 23    Anzahl:       1       1                     550                   Wert:
│ 24    Summen:     450     100                          3150,00  700,00 2450,00
│ 25    ∅ Anschaffungspreis:      7,00
│
└────────────────────────────────────────────────────────────────────────────
```

Bild 3.1.E Lagertabelle ART3

In der **Tabelle GESAMT** ermitteln Sie folgende Summen:

```
┌=[GESAMT]════════════════════════════════════════════════
│        A      B          C              D
│ 1 Anzahl und Summen der Lagerwerte
│ 2 ─────────────────────────────────────
│ 3 Anzahl              Summen
│ 4 ─────────────────────────────────────
│ 5 Zugänge + AB: 9     Stück aus Anfangs-
│ 6                     bestand u. Zugängen  2.550,00
│ 7 Abgänge:       3    Abgänge in Stück:      500,00
│ 8                     Lagerwerte:         16.794,00
│ 9 ─────────────────────────────────────
└─────────────────────────────────────────────────────────
```

Bild 3.1.F Übersicht zu den Artikeltabellen

Entwicklung der Übersichtstabelle

Sie könnten in den Formelhintergrund der Zelle GESAMT.B5 eingeben:

```
ART1.C23 + ART2.C23 + ART3.C23.
```

Dieses Vorgehen ist bei wenigen Tabellen empfehlenswert. Sobald aber eine stattliche Anzahl an Tabellen zusammenkommt, sollten Sie anders verfahren.

Addition aus mehreren Tabellen mit dynamischen Formeln

Damit die dynamischen Formeln nicht störend wirken, können Sie diese Formeln verstecken, indem Sie sie in Spalten außerhalb des eigentlichen Datenbereichs plazieren und auf eine Breite von Null verkleinern.

Schreiben Sie die Formeln jedoch in dieselbe Zeile, in welcher auch das Ergebnis steht. Somit können Sie die Formel dem Ergebnis leichter zuordnen, als wenn Sie die Formeln wahllos außerhalb des eigentlichen Eingabebereichs abstellen:

Ergebnis in Zelle	Formel in Zelle	Berechnung von
B5	E5	Anzahl Zugänge + Anfangsbestand (AB)
B7	E7	Anzahl Abgänge
D6	F6	Summe Stück aus AB und Zugängen
D7	F7	Summe Abgänge in Stück
D8	F8	Summe Lagerwerte

Das Programm zur Berechnung der **Anzahl aus Zugängen und Anfangsbeständen** schreiben Sie in den Formelhintergrund der Zelle E5:

```
§local(Anzahl, I),                                        ; 1
B5:= 0, I := 0,                                           ; 2
§while(I < 3,                                             ; 3
     I := I + 1,                                          ; 4
     Anzahl:= "B5 :=B5 + §get(ART" & §integer(I) & ".C23)",  ; 5
     §Anzahl,                                             ; 6
     )                                                    ; 7
```

Es handelt sich um ein komplettes zellenorientiertes Programm.

Sie weisen in der Pogrammzeile 2 zunächst der Zelle B5, welche das Ergebnis aufnimmt, eine Null zu. Außerdem wird die Zählvariable I auf Null gesetzt.

In der folgenden Schleife werden die Werte der Zelle C23 der **Tabellen ART1** bis **ART3** in der Zelle B5 der Tabelle GESAMT summiert.

Beachten Sie, daß die dynamische Formel als String geschrieben werden muß.

Wenn Sie die Eintragungen von mehr als drei Tabellen summieren, müssen Sie die Schleifenbedingung in der dritten Programmzeile entsprechend anpassen. Auf die neun Tabellen ART1 bis ART9 folgt die Tabelle ART10, usw.

Beim Schreiben der einzelnen Formeln sollten Sie von der Möglichkeit des Kopierens ausführlich Gebrauch machen.

Die weiteren Programme mit dynamischen Formeln lauten:

Programm in Zelle E7 zur Anzahl der Abgänge:

```
§local(Anzahl, I),                                              ; 1
B7:=0, I := 0,                                                  ; 2
§while(I < 3,                                                   ; 3
       I:=I+1,                                                  ; 4
       Anzahl:= "B7 := B7  + §get(ART" & §integer(I) & ".D23)",; 5
       §Anzahl                                                  ; 6
       )                                                        ; 7
```

Programm in Zelle F6 zur Berechnung der Summen der Stückzahlen aus Anfangsbestand und Zugängen:

```
§local(Summe, I),                                               ; 1
D6:=0, I := 0,                                                  ; 2
§while(I < 3,                                                   ; 3
       I := I+1,                                                 ; 4
       Summe:= "D6 :=D6 + §get(ART" & §integer(I) & ".C24)",   ; 5
       §Summe                                                   ; 6
       )                                                        ; 7
```

Programm in Zelle F7 zur Berechnung der Stückzahl der Abgänge:

```
§local(Summe, I),                                               ; 1
D7:=0, I := 0,                                                  ; 2
§while(I < 3,                                                   ; 3
       I := I + 1,                                               ; 4
       Summe:= "D7 :=D7 +  §get(ART" & §integer(I) & ".D24)",  ; 5
       §Summe                                                   ; 6
       )                                                        ; 7
```

Programm in Zelle F8 zur Ermittlung der Summe der Lagerwerte:

```
§local(Summe, I),                                               ; 1
D8:=0, I := 0,                                                  ; 2
§while(I < 3,                                                   ; 3
       I := I+1,                                                 ; 4
       Summe:= "D8 :=D8 +  §get(ART" & §integer(I) & ".J24)",  ; 5
       §Summe                                                   ; 6
       )                                                        ; 7
```

Dynamische Formeln bei der Datenbankselektion

Das zweite Beispiel zur Anwendung von dynamischen Formeln beschäftigt sich mit der Automatisierung von Datenbankabfragen.

Erstellen Sie das **Teilkonzept ABFRAGE** innerhalb des Konzepts 29DYNAFO:

```
┌─[ABFRAGE]═══════════════════════════════════════════════════════════╗
║     1   ADRESS                                                       ║
║     2   PRG1                                                         ║
║     3   PRG2                                                         ║
╚═════════════════════════════════════════════════════════════════════╝
```

Bild 3.1.G Teilkonzept zum Abfragemodell

Wenn Sie bestimmte Informationen in einer Datenbank suchen, dann schreiben Sie eine Filterformel auf den Rand des Datenbankframes und lassen den Frame mit der Funktionstaste <F5> neu berechnen.

Wenn Sie wieder alle Sätze auf dem Bildschirm haben wollen, wählen Sie das Menü *Frames* und den Punkt *'Öffne alle'*.

Dieses Verfahren ist sinnvoll, wenn Sie häufig ganz unterschiedliche Abfragen verwenden.

Wenn Sie allerdings wissen, daß Sie meistens nur ganz bestimmte Abfragen benötigen, dann sollten Sie sich überlegen, ob es nicht besser ist, dafür ein Programm zu schreiben, das menügesteuert die Abfragen erledigt, ohne daß Sie bei jeder Abfrage eine Filterformel schreiben, die Berechnung starten und danach den Frame wieder über das Standard-Menü öffnen müssen.

Die Lösung enthält das **Modell ABFRAGE**.

Sie verwenden dazu die **Adreßdatenbank ADRESS**.

Zum Filtern entwickeln Sie die beiden **Programme PRG1** und **PRG2**.

Das **Programm PRG1** erlaubt nur **Abfragen nach dem Ort**. Dabei genügt es, wenn Sie den ersten Buchstaben der Ortsbezeichnung eingeben.

Mit dem **Programm PRG2** können Sie **nach verschiedenen Kriterien** filtern. Allerdings müssen Sie dabei jedesmal per Menü das gerade gewünschte Kriterium

wählen. Sie haben also bei diesem zweiten Programm mehr Möglichkeiten als beim
ersten, müssen jedoch bei jeder Abfrage eine Eingabe mehr vornehmen.

Die Adreßdatenbank hat folgenden Inhalt:

```
┌─[ADRESS]════════════════════════════════════════════════════════════════
│
│  Name1         Name2     Vorw  Tel       Fax      PLZ  Ort           Straße/Nr
│  ═══════════════════════════════════════════════════════════════════════
│  Sandner KG    Feinkost  0724  31314-5   33445    7967 Bad Waldsee   Ballenmoos 18
│  Moser & Co.   Feinkost  07581 3233      -        7968 Saulgau       Kaiserstr. 43
│  Weber OHG     Getränke  07581 2345-32   23454    7968 Saulgau       Hauptstr. 114
│  Kornbacher    Weine     3608  2345-12   2345     8000 München 40    Am Ring 118
│  Möller GmbH   Getränke  0711  4423-34   82434    7000 Stuttgart 1   Königstr. 112
│  Niederer KG   Getränke  0711  8901-23   823452   7000 Stuttgart 1   Ludwigstr. 18
└──────────────────────────────────────────────────────────────────────────
```

Bild 3.1.H Adreßdatenbank

Benutzerdefinierte, menügesteuerte Programmverzweigung
Programm 29: ABFRAGE

Schreiben Sie in den Formelhintergrund des **Frames ABFRAGE** ein
Programm, welches in die **Programme PRG1** und **PRG2** verzweigt.

Codierung

```
;Start mit <F5> !                                                   ; 1
§local(A),                                                          ; 2
§eraseprompt,                                                       ; 3
A:=§value(§inputline(" 1 = Abfrage nur nach Ort, 2 = Abfrage"       ; 4
            & " nach verschiedenen Feldern","2",#yes,#yes)),        ; 5
§if(A=1,                                                            ; 6
    §ABFRAGE.PRG1,                                                  ; 7
    §ABFRAGE.PRG2                                                   ; 8
    )                                                               ; 9
```


Kommentar zur Codierung

Gemäß Zeile 4 und 5 erscheinen in der Nachrichtenzeile zwei Aus-
wahlmöglichkeiten. Eine 1 ist einzugeben, wenn sich die Abfrage nur
auf den Ort beziehen soll, eine 2, wenn nach verschiedenen Feldern
gefiltert wird.

In Abhängigkeit vom eingegebenen Wert wird in den Zeilen 7 und 8
entweder das **Programm PRG1** oder das **Programm PRG2** aktiviert.

Automatisierte Datenbankabfrage nach einem einzigen Kriterium
Programm 30: PRG1

Das Programm PRG1 erleichtert Ihnen die Datenbankabfrage.

Allerdings ist dabei Ihre Selektionsmöglickeit auf das Kriterium Ort beschränkt.

Codierung zu Programm PRG1

```
§local(Name, F, weiter),                                   ; 1
weiter:="Ja",                                              ; 2
§while(Weiter="Ja",                                        ; 3
    §setselection("ABFRAGE.ADRESS"),                       ; 4
    §pk("{ctrl-f}ö"),                                      ; 5
    Name:=§inputline("Anfang des Ortsnamens","St",#yes,#yes),;6
    F:="§execute(ADRESS,Ort = " & §chr(34) & Name & "*"    ; 7
        & §chr(34) & ")",                                  ; 8
    §F,                                                    ; 9
    weiter:=§inputline("Noch eine Abfrage","Ja",#no,#yes), ;10
    ),                                                     ;11
§pk("{ctrl-f}ö"),                                          ;12
§pk("{out}")                                               ;13
```

Kommentar zur Codierung

Sie können beliebig viele Abfragen vornehmen. Die dazu erforderliche Schleife beginnt in der Zeile 3 und endet in der Zeile 11.

Mit der Zeile 5 wird die Datenbank geöffnet. Denselben Befehl finden Sie in der Zeile 12.

Die Zeile 13 führt den Cursor vom Rand des **Frames ADRESS** auf den Rand des umfassenden **Frames ABFRAGE**.

Der **Kern des Programms** ist in den Zeilen 6 bis 8 enthalten. In der Zeile 6 wird der Name eines Orts eingegeben. Dabei genügt es, wenn Sie den ersten oder weitere Buchstaben des Ortsnamens eintippen. Die Vorgabe lautet 'St'. Dies sind die ersten beiden Buchstaben von 'Stuttgart'. Die Zeilen 7 und 8 enthalten eine dynamische Formel. Der Variablen '*F*' wird folgender String zugewiesen:

```
"§execute(ADRESS,Ort = " & §chr(34) & Name & "*"  &
§chr(34) & ")"
```

Die Funktion §chr(34) erzeugt ein Hochkomma.

Mit der Funktion §F in Zeile 9 wird der Wert dieses Strings berechnet.

Geben Sie z. B. für den Ortsnamen den Anfang von Stuttgart, also St ein, so entwickelt FRAMEWORK daraus die Formel:

```
§execute(ADRESS,Ort = "st*")
```

Dieser Befehl veranlaßt FRAMEWORK folgende Filterformel auf den Rand des Datenbankframes ADRESS einzutragen und zu berechnen:

```
Ort = "st*"
```

Es werden alle Sätze ausgegeben, bei denen der Ort mit der Buchstabenfolge 'St' beginnt. Dabei spielt es keine Rolle, ob Sie den ersten Buchstaben groß oder klein schreiben.

Die Funktion §execute

Syntax: §execute(Bezug, Formel)
Beispiel: §execute(ADRESS,Ort = "st*")

Dem Bezugsframe wird eine Formel zugewiesen und neu berechnet. Alle vorher dort eingetragenen Formeln werden überschrieben.

Im Beispiel wird die Formel Ort = "st*" in den Formelhintergrund des Datenbankframes ADRESS eingetragen und neu berechnet.

Die Funktion §chr

Syntax: §chr(Ausdruck)
Beispiel: §chr(34)

Die Funktion §chr wandelt einen ASCII-Wert in ein Zeichen um. Die Funktion §chr(34) erzeugt ein Hochkomma.

Selektion nach verschiedenen Kriterien mit Programm PRG2
Programm 31: PRG2

Während das Programm PRG1 nur Selektionen nach dem Kriterium Ort erlaubt, bietet Ihnen das Programm PRG2 weitergehende Möglichkeiten.

Codierung zu Programm PRG2

```
§local(Name1, Name2, PLZ, Ort, F, weiter,           ; 1
       Art, Suchbegriff, Feld),                      ; 2
weiter:="Ja",                                         ; 3
§while(weiter="Ja",                                   ; 4
       Art:=§value(§inputline("1 = Name1  2=Name2   " ; 5
                  & " 3 = PLZ  4 = Ort")),            ; 6
       §setselection("ABFRAGE.ADRESS"),              ; 7
       §pk("{ctrl-f}ö"),                             ; 8
       §select(Art,                                  ; 9
              Feld:="Name1",                         ;10
              Feld:="Name2",                         ;11
              Feld:="PLZ",                           ;12
              Feld:="Ort"                            ;13
              ),                                      ;14
       Suchbegriff:=§inputline("Anfang des Suchbegriffs "  ;15
                          & Feld),                   ;16
       F:="§execute(ADRESS," & Feld & " = " & §chr(34)     ;17
                  & Suchbegriff & "*" & §chr(34) & ")",    ;18
       §F,                                           ;19
       weiter:=§inputline("Noch eine Abfrage","Ja",  ;20
                          #no,#yes)                   ;21
       ),                                             ;22
       §pk("{ctrl-f}ö"),                             ;23
       §pk("{out}")                                  ;24
```

Kommentar zur Codierung

Statt dem Ort wird im Programm PRG2 der Inhalt der Variablen Feld als Kriterium für die Selektion verwendet, sodaß der Abfragestring gemäß Zeilen 17 und 18 lautet:

```
"§execute(ADRESS," & Feld & " = " & §chr(34)
                   & Suchbegriff
                   & "*" & §chr(34) & ")"
```

Das **Programm PRG2** verwendet **keine Vorgabe** für die Editierzeile.

3.2 Makros   Datei: 30MAKRO

Programmübersicht

Makro-Nummer	Gruppe der Makros	Name des Makros	Aufgabe des Makros
32	MAKROTXT	A	Zeilenlineal ändern
33		E	Einfügemodus aktivieren
34		F	Fettdruck aktivieren
35		H	hochstellen
36		L	Wort unterstreichen
37		N	Normalschrift aktivieren
38		S	Wort gesperrt schreiben
39		T	tiefstellen
40		U	unterstreichen
41		V	überschreiben
42		W	Wort in Spiegelschrift schreiben
43		X	Einzug Abatz aktivieren
44		Y	Neue Seite und Seitenumbruch aktivieren
45		Z	Seitenumbruch zeigen
46	AAA	ANGEBOT	Angebot schreiben
47		BESTELLUNG	Bestellung schreiben
48		EILNOTIZ	Eilnotiz schreiben
49	BOXTXT1	MAKPRG	Rahmen in leeren Textframe zeichnen
50	BOXTXT2	PRG, AB	Rahmen um Texte zeichnen
51	HILF	TABBREIT	Breite einer Tabelle feststellen
52		PRGLNR	Programm mit Zeilennummern versehen
53	DRUCKMAK	B	doppelt breite Schrift aktivieren
54		C	doppelt breite Schrift deaktivieren
55		K	komprimierte Schrift aktivieren
56		M	komprimierte Schrift deaktivieren

Sie haben bereits im ersten Band der FRAMEWORK-Praxis verschiedene Makros kennengelernt.

Die Aufgaben, die diese Makros wahrnehmen, werden auf den folgenden Seiten in **Band 1** beschrieben:

Aufgabe	Seite
Ansteuern von Zellen	155, 158, 222
Dateneingabe	154
Drucken	72, 156
Eintragen von Formeln	156
Filtern	167
Hilfeanzeige	158
Löschen	30, 39, 155
Öffnen einer Datenbank	167
Rückkehr aus der Hilfe	159
Selektion	33, 167
Sortieren	34, 39
Suchen	159
Übertragen	30

Auf den Seiten 27 ff. des **ersten Bandes** wird gezeigt, wie Sie ein Makro anlegen. Auf der Seite 31 erfahren Sie, wie Sie auf einfache Weise einen Makro-Code erzeugen.

Während es in Band 1 mehr um die Anwendung von Makros geht, beschäftigen Sie sich nunmehr hauptsächlich mit der Programmierung von Makros.

Sie erstellen Makros für ein ganzes Bündel von Aufgaben:

- Besonderer Wert wird in diesem Kapitel auf die **Vereinfachung der Textverarbeitung** gelegt. Dabei können Sie Tastatursequenzen aufrufen, die Sie häufig benötigen.

- Sie können aber auch die **Möglichkeiten ausweiten**, welche das FRAMEWORK-Modul Textverarbeitung standardmäßig zur Verfügung stellt, z. B. durch ein Makro, das **Sperrschrift** erzeugt.

- Der **Standardtext** von häufig vorkommenden Schreiben, z. B. Angeboten und Bestellungen läßt sich inklusive der Angebots- bzw. der Bestellnummer auf Knopfdruck aufrufen.

- Auf Seite 12 des ersten Bandes wird das Makro WRITEMAC vorgestellt. Damit läßt sich ein Rahmen erzeugen, indem Sie den linken oberen und den rechten unteren Punkt des Rahmens angeben. Voraussetzung für das Funktionieren dieses Makros ist allerdings, daß der Bereich, auf den Sie das Makro schreiben wollen, bereits mit Leerstellen belegt ist.

Sie lernen in diesem Kapitel, wie Sie **Rahmen zeichnen**, ohne vorher für Leerstellen zu sorgen. Der obere Teil des Rahmens wird dabei gezeichnet, solange Sie die Taste ‹Pfeilrechts› und der rechte Teil, solange Sie die Taste ‹Pfeilab› drücken. Nach Eingabe der Taste ‹Esc› wird der Rahmen automatisch ergänzt.

- Für die Ausgabe auf dem Drucker ist ein Makro nützlich, das die **Breite** eines ausgewählten Bereichs **einer Tabelle** mißt. Damit können Sie bereits beim Festlegen der Breite der einzelnen Spalten die Ausgabe auf dem Drucker berücksichtigen.

- Eine weitere Hilfe bietet Ihnen ein Makro, mit dem Sie für Dokumentationszwecke ein FRAMEWORK-Programm mit **Zeilennummern** versehen.

- Zum Schluß wird mit wenigen Beispielen dargestellt, wie es Ihnen gelingt, mehr aus Ihrem **Drucker** herauszuholen, was verschiedene Schriftarten, Zeichengrößen und Zeilenabstände anbelangt.

- Schließlich sollten Sie noch beachten, daß die **Beispieldiskette**, die mit FRAME-WORK III geliefert wird, eine Reihe nützlicher Makros enthält: **WERTLOE** löscht in einer Zelle den Wert und behält die Formel für die Zelle bei. **FORMLOE** löscht dagegen eine Formel. **GROESSE** erstellt Frames bestimmter Größe in einer vorher spezifizierten Position. **SUMPLUS** berechnet alle positiven und **SUMMINUS** alle negativen Zahlen einer Tabelle.

Das **Konzept 30MAKRO** ist relativ umfangreich. Deshalb wird das gesamte Konzept der Übersichtlichkeit wegen zunächst nur auf der ersten Ebene dargestellt:

```
┌─[30MAKRO]──────────────────────────────────────────────────────┐
│    1   MAKROTXT    ;Aufruf in einem Textframe mit <Alt> + <A> usw.│
│    2   AAA         ;Aufruf auf dem Rand eines Frames mit <Alt> + 1 usw.│
│    3   BOXTXT1     ;Aufruf in einem Textframe mit <Alt> + I        │
│    4   BOXTXT2     ;Aufruf in einem Textframe mit <Alt> + D        │
│    5   HILF        ;Tabellenbreite und Zeilennummern in Programmen │
│    6   DRUCKMAK    ;Schriftgrößen                                  │
└────────────────────────────────────────────────────────────────┘
```

Bild 3.2.A Gesamtkonzept auf der ersten Ebene

Kommentar zu den Hauptgliederungspunkten

Jeder Name der sechs Teile dieses Gesamtkonzepts wurde mit einem Kommentar versehen. Dabei wurden **beispielhaft zwei verschiedene Arten der Kommentierung** verwendet. Bei den ersten vier Anwendungen wird die Art des Aufrufs der Makros kommentiert, bei den beiden folgenden die Aufgabe der Makros.

Anwendungsdiskette und Entwicklung der Modelle

Wie bei den vorausgehenden Konzepten wird auch hier eine Doppelstrategie angewandt.

Auf der Anwendungsdiskette finden Sie innerhalb des **Konzepts 30MAKRO** sämtliche Makros im Zusammenhang dargestellt. Sie können diese Makros innerhalb dieses Gesamtkonzepts verwenden. Dabei müssen Sie den Cursor auf einen der sechs Hauptgliederungspunkte stellen und mit der Taste <F5> aktivieren.

Wenn Sie jedoch im Umgang mit FRAMEWORK noch nicht versiert sind, empfiehlt es sich, den jeweils benötigten Block von Makros aus dem Gesamtkonzept herauszukopieren. Damit ist das jeweilige Teilkonzept eine Stufe höher angesiedelt.

Bei der Darstellung der einzelnen Teile gehen Sie von dieser Strukturhöhe aus. Sie betrachten also zunächst die einzelnen Teile des Gesamtmodells. Am Schluß können Sie dann das Gesamtmodell herstellen, indem Sie die fertigen Teile in den Gesamtrahmen kopieren.

Vereinfachung von Textverarbeitungsfunktionen

Das **Konzept MAKROTXT** enthält 14 Makros zur Vereinfachung des Aufrufs von Textverarbeitungsfunktionen. Außerdem wird die Sperr- und die Spiegelschrift zu den Möglichkeiten hinzugefügt, die FRAMEWORK III von sich aus bietet.

Bei diesen 14 Makros handelt es sich lediglich um Vorschläge, die Ihnen als Anregung dienen sollen. Sie können daraus eine Auswahl für Ihre persönlichen Anforderungen entnehmen, bzw. weitere Makros entwickeln.

Makros zur Textverarbeitung

Erstellen Sie das folgende **Teilkonzept MAKROTXT.** Die einzelnen Makros können Sie mit <Alt> + A usw. aufrufen.

```
┌─[MAKROTXT]═══════════════════════════════════════════════════
│    1    A   ;Text Zeilenlineal ändern
│    2    E   ;Text einfügen
│    3    F   ;Text Fettdruck
│    4    H   ;Text hochstellen
│    5    L   ;Wort links vom Cursor unterstreichen
│    6    N   ;Text Normalschrift
│    7    S   ;Wort links vom Cursor in Sperrschrift
│    8    T   ;Text tiefstellen
│    9    U   ;Text unterstreichen
│   10    V   ;Text überschreiben
│   11    W   ;Wort links vom Cursor in Spiegelschrift
│   12    X   ;Einzug Absatz
│   13    Y   ;Neue Seite und Seitenumbruch
│   14    Z   ;Seitenumbruch zeigen
```

Bild 3.2.B Erstes Teilkonzept zur Textverarbeitung

Verknüpfung der Makros mit einer Tastenkombination

Im Formelhintergrund des umfassenden Frames MAKROTXT geben Sie an, mit welcher Tastaturkombination das jeweilige Makro aufgerufen wird:

```
§setmacro({alt-a},MAKROTXT.A),
§setmacro({alt-e},MAKROTXT.E),
§setmacro({alt-f},MAKROTXT.F),
§setmacro({alt-h},MAKROTXT.H),
§setmacro({alt-l},MAKROTXT.L),
§setmacro({alt-n},MAKROTXT.N),
§setmacro({alt-s},MAKROTXT.S),
§setmacro({alt-t},MAKROTXT.T),
§setmacro({alt-u},MAKROTXT.U),
§setmacro({alt-v},MAKROTXT.V),
§setmacro({alt-w},MAKROTXT.W),
§setmacro({alt-x},MAKROTXT.X),
§setmacro({alt-y},MAKROTXT.Y),
§setmacro({alt-z},MAKROTXT.Z)
```

Die Funktion §setmacro

> *Syntax:*   §setmacro(Alt-Taste, Framename)
>
> *Beispiel:*   §setmacro({alt-a}, MAKROTXT.A)

Die Funktion §setmacro bestimmt eine Alt-Tastenkombination zur Ausführung einer Formel oder eines Programms im genannten Frame.

Start der Makros

Sie starten ein Makro der Sammlung MAKROTXT durch Eingabe der <Alt>-Taste, gefolgt vom entsprechenden Buchstaben, der bei den vorgestellten Textmakros zugleich der Name des Frames ist.

Der Cursor kann sich in einem Textframe, einer Tabelle oder einem Datenbankframe befinden, wenn Sie eines dieser Makros starten.

Makro-Nr. 32: MAKROTXT.A

Mit Makro A ändern Sie das **Zeilenlineal.** An der aktuellen Textstelle, die Sie gerade bearbeiten, geben Sie ein: <Alt> + A.

Ohne Makro müßten Sie folgende Tastensequenz zum Aufruf dieser Funktion über das Menü eingeben:

```
<Strg> + T O Ä
```

Bei der Verwendung dieses Makros sparen Sie jedesmal die Eingabe von zwei Tasten. Dies bringt Ihnen zwar bei einmaliger Anwendung nicht viel. Wenn Sie jedoch häufig Makros verwenden, bringen Ihnen die daraus resultierenden Einsparungen einen beträchtlichen Zeitgewinn.

Codierung

```
§echo(#off), §pk("{Ctrl-T}O Ä"), §echo(#on)                    ; 1
```

Die Funktion §echo(#off) bzw. §echo(#on) dient dem Ein- bzw. Ausschalten der Darstellung von Bildschirmausgaben. Mit der Bearbeitung des Zeilenlineals stellt Ihnen FRAMEWORK ein sehr nützliches Instrument zur Verfügung. Sie können damit auf einfache Weise **unter Sichtkontakt** die Seitenränder verlegen, Tabulatoren löschen und einen positiven oder negativen Einzug festlegen.

Makro-Nr. 33: MAKROTXT.E

Mit diesem Makro aktivieren Sie den **Einfügemodus,** wenn der Überschreibmodus eingestellt ist.

Codierung

```
§echo(#off),                                    ; 1
§if(§sense("{Ctrl#EV}"),§pk("{Ctrl-E}v")),      ; 2
§echo(#on),                                      ; 3
§eraseprompt,                                    ; 4
§prompt("Editieren: einfügen ",30)              ; 5
```

Kommentar zur Codierung

In Programmzeile 2 von Makro E wird abgefragt, ob im Menü Editieren der Punkt 'Vorhandenes überschreiben' auf Ja steht. Ist dies der Fall, dann wird über die Sequenz §pk("{Ctrl-E}v")) 'Vorhandenes überschreiben' auf '--' eingestellt, d. h. nunmehr ist der Einfügemodus aktiv.

Die Funktion §pk

Syntax: §pk(String)
Beispiel: §pk("{Ctrl-E}v")

Die Funktion §pk interpretiert die als String angegebenen Zeichen als Tastatureingaben und führt diese aus.

Die Funktion §sense

Syntax: §sense(Menüoption)
Beispiel: §sense("{Ctrl#EV}")

Die Funktion §sense ergibt #TRUE, wenn die Option eingeschaltet ist, sonst #FALSE. Die Schalterstellung wird durch die Abfrage nicht geändert.

Makro-Nr. 34: MAKROTXT.F

Mit diesem Makro schalten Sie auf **Fettdruck** um.

Codierung

```
§echo(#off), §pk("{Ctrl-T}F"), §echo(#on),              ; 1
§eraseprompt, §prompt("Text: Fettdruck ",30)            ; 2
```

Makro-Nr.35: MAKROTXT.H

Mit diesem Makro können Sie einen Text **hochstellen**.

Codierung

```
§echo(#off), §pk("{Ctrl-T}O H"), §echo(#on),            ; 1
§eraseprompt,                                           ; 2
§prompt("Text: hochstellen ",30)                        ; 3
```

Makro-Nr. 36: MAKROTXT.L

Sie **unterstreichen** damit das **Wort links vom Cursor**.

Codierung

```
§echo(#off),                                            ; 1
§pk("{ctrl-leftarrow}{ctrl-t}u{rightarrow}{ctrl-t}n"),  ; 2
§echo(#on),                                             ; 3
§eraseprompt,                                           ; 4
§prompt("Wort links vom Cursor unterstreichen",20)      ; 5
```

Makro-Nr. 37: MAKROTXT.N

Mit diesem Makro schalten Sie die **Normalschrift** ein.

Codierung

```
§echo(#off), §pk("{Ctrl-T}N"), §echo(#on),              ; 1
§eraseprompt,                                           ; 2
§prompt("Text: Normalschrift",30)                       ; 3
```

Makro-Nr. 38: MAKROTXT.S

Sie können damit das **Wort links neben dem Cursor** in **Sperrschrift** schreiben.

Codierung

```
§local(i, sperr, Stelle, Wort),                         ; 1
§echo(#off),                                            ; 2
§if(§sense("{Ctrl#EV}"),§pk("{Ctrl-E}v")),              ; 3
§echo(#on),                                             ; 4
§pk("{F6}{ctrl-leftarrow}{return}"),                    ; 5
Wort:=§textselection,                                   ; 6
§eraseprompt,                                           ; 7
§prompt("Wort links vom Cursor in Sperrschrift",16),    ; 8
i:=1,                                                   ; 9
§while(i <= §len(Wort),                                 ;10
     Stelle := §mid(Wort,i,1),                          ;11
     sperr  := sperr & " " & Stelle,                    ;12
     i:=i+1                                             ;13
     ),                                                 ;14
§pk("{del}" & sperr)                                    ;15
```

Kommentar zur Codierung

In Zeile 3 wird der Einfügemodus eingestellt. Ein Wort in Sperrschrift ist breiter als in Normalschrift. Befindet sich das System beim Aufruf von Makro S im Überschreibmodus, dann würde ohne diese dritte Programmzelle das gesperrt geschriebene Wort nicht an die Stelle passen, wo das Wort in Normalschrift steht. Die Folge wäre eine teilweise Zerstörung des bzw. der nachfolgenden Wörter.

Mit Zeile 5 wird das Wort links vom Cursor ausgewählt.

In den Zeilen 10 bis 14 wird das Wort in Sperrschrift entwickelt.

In der Zeile 15 wird das in Normalschrift ausgewählte Wort gelöscht und an dessen Stelle das Wort in Sperrschrift geschrieben.

Die Funktion §textselection

     Syntax: §textselection
     Beispiel: Wort:=§textselection

Die Funktion §textselection ergibt den markierten Text als String.

Die Funktion §len

     Syntax: §len(String)
     Beispiel: §len(Wort)

Diese Funktion liefert die Anzahl der Zeichen in einem String.

Die Funktion §mid

     Syntax: §mid(String, Anfang, Anzahl)
     Beispiel: §mid(Wort, i, 1)

Die Funktion §mid liefert Zeichen aus einem String. Dabei beginnt die
Funktion am Anfang, also z. B. mit dem i-ten Zeichen und liefert die
danach angegebene Anzahl von Zeichen.

Makro-Nr. 39: MAKROTXT.T

Sie stellen damit einen Text **tief**.

Codierung

```
§echo(#off), §pk("{Ctrl-T}O T"), §echo(#on),          ; 1
§eraseprompt,                                         ; 2
§prompt("Text: tiefstellen ",30)                      ; 3
```

Makro-Nr. 40: MAKROTXT.U

Damit **unterstreichen** Sie einen Text oder eine Zahl.

Codierung

```
§echo(#off), §pk("{Ctrl-T}U"), §echo(#on),                     ;1
§eraseprompt, §prompt("Text: Unterstreichen",30)               ;2
```

Makro-Nr. 41: MAKROTXT.V

Sie schalten den **Überschreibmodus** ein.

Codierung

```
§echo(#off),                                                   ;1
§if(§not(§sense("{Ctrl#EV}")),§pk("{Ctrl-E}v")),               ;2
§echo(#on),                                                     ;3
§eraseprompt,                                                   ;4
§prompt("Editieren: Vorhandenes überschreiben",25)             ;5
```

Makro-Nr. 42: MAKROTXT.W

Dieses Makro erzeugt **Spiegelschrift.**

Codierung

```
§local(i, Spiegel, Stelle, Wort),                              ; 1
§echo(#off),                                                   ; 2
§if(§sense("{Ctrl#EV}"),§pk("{Ctrl-E}v")),                     ; 3
§echo(#on),                                                     ; 4
§pk("{F6}{ctrl-leftarrow}{return}"),                           ; 5
Wort:=§textselection,                                          ; 6
§eraseprompt,                                                  ; 7
§prompt("Wort links vom Cursor in Spiegelschrift",20),         ; 8
i:=§len(Wort),                                                 ; 9
§while(i > 0,                                                  ;10
      Spiegel  := Spiegel & §mid(Wort,i,1),                   ;11
      i:=i-1),                                                 ;12
§pk("{del}{leftarrow}" &  Spiegel)                            ;13
```

Makro-Nr. 43: MAKROTXT.X

Sie erzeugen einen **Einzug mit Absatz.**

Codierung

```
§local(Stellen),                                          ; 1
Stellen:=§inputline("Einzug: Anzahl Stellen?","3",        ; 2
                    #no,#yes,#yes),                        ; 3
§echo(#off),                                              ; 4
§pk("{Ctrl-T}L" & Stellen & "{Return}{Ctrl-T}E-" &       ; 5
       Stellen  & "{Return}"),                            ; 6
§echo(#on),                                               ; 7
§eraseprompt,                                             ; 8
§prompt("Linker Rand " & Stellen & ", Einzug "           ; 9
      & "Absatz -" & Stellen,25)                          ;10
```

Kommentar zur Codierung

Das Makro X erzeugt einen Einzug, wobei die erste Zeile in einem Absatz nicht eingezogen wird.

Dieses Makro eignet sich für Texte mit numerischen oder alphabetischen Gliederungspunkten, die jeweils links vom eigentlichen Text stehen. Sie können damit auch Marginalienspalten in Texten einbauen.

Makro-Nr. 44: MAKROTXT.Y

Das Makro Y erzeugt an der Stelle, an der sich der Cursor befindet, einen **Seitenumbruch** und zeigt den Seitenumbruch an.

Codierung

```
§pk("{Ctrl-E}N{Ctrl-F}Z"),                               ; 1
§if(§not(§sense("{Ctrl#FZ}")),                            ; 2
§pk("{Ctrl-F}Z")),                                       ; 3
§eraseprompt,                                             ; 4
§prompt("Neue Seite und Seitenumbruch zeigen",20)        ; 5
```

Makro-Nr. 45: MAKROTXT.Z

Sie lassen sich den **automatischen Seitenumbruch** zeigen.

Codierung

```
§if(§sense("{Ctrl#FZ}"),                                    ; 1
   §list(                                                   ; 2
        §echo(#off),                                        ; 3
        §pk("{Ctrl-F}Z"),                                   ; 4
        §echo(#on),                                         ; 5
        §eraseprompt)                                       ; 6
        ),                                                  ; 7
§if(§not(§sense("{Ctrl#FZ}")),                              ; 8
   §list(                                                   ; 9
        §echo(#off),                                        ;10
        §pk("{Ctrl-F}Z"),                                   ;11
        §echo(#on),                                         ;12
        §eraseprompt)                                       ;13
        )                                                   ;14
```

Makros in der Bibliothek oder in gesonderten Frames speichern

Es stellt sich die Frage, ob Sie die Makros eher in die Bibliothek ablegen oder in gesonderten Frames außerhalb der Bibliothek halten sollen.

Wenn Sie überwiegend mit der Textverarbeitung erbeiten, dann dürften Sie i. d. R. über genügend internen Speicherplatz verfügen, um Ihre Textverarbeitungsmakros in der Bibliothek abzustellen. MAKROTXT benötigt nur ca. 6 KB Platz im Hauptspeicher.

Wenn Sie jedoch häufig speicherintensive Rechenoperationen und Datenmanipulationen durchführen, kann es mit dem Speicherplatz schnell eng werden, insbesondere dann, wenn Sie neben den Makros für Textverarbeitung auch noch andere Makros in der Bibliothek abstellen.

Für das Konzept 30MAKRO benötigen Sie bereits ca. 17 KB internen Speicherplatz. Dabei sind in dieser Anwendung überwiegend nur kürzere Makros enthalten.

Sie können dem Speicherproblem ausweichen, indem Sie mit einer **Erweiterung des Speichers** über die 640-KB-Grenze arbeiten. Sie müssen dann allerdings mit einer verzögerten Verarbeitung wegen des Ein- und Auslagerns von Speicherinhalten rechnen.

Ein zweiter Weg bietet sich Ihnen an, indem Sie Gruppen von Makros in Konzepten außerhalb der Bibliothek auf der Magnetplatte speichern, nach Bedarf die entsprechende Gruppe laden und mit der Taste <F5> aktivieren.

Damit Sie die entsprechenden Makros im Inhaltsverzeichnis leicht finden, empfiehlt es sich, diese so zu speichern, daß sie ganz vorne im sortierten Laufwerkstapel stehen, also z. B. mit der Buchstabenfolge AAA beginnen, wie die zweite Gruppe von Beispielen zeigt.

Um **Makros in die Bibliothek** abzustellen, gehen Sie wie folgt vor:

Wählen Sie die Bibliothek an. Öffnen Sie das Bibliotheksverzeichnis mit der <Return>-Taste. Wählen Sie in diesem Verzeichnis den Punkt *Makros* und darin das Makro '*Zur vorherigen Stelle*' an. Kopieren Sie das gewünschte Makro mit der Taste <F8> in die Bibliothek, indem Sie an den Punkt '*Zur vorherigen Stelle*' fahren.

Sie müssen jetzt nur noch die Bezeichnung des Frames ändern. Aus dem Framenamen A wird {Alt-A}, aus B wird {Alt-B} usw.

Makros für Textkonserven

Erstellen Sie folgendes **Teilkonzept AAA**. Mit <F5> wird es aktiviert.

```
┌─[AAA]══════════════════════════════════════════════════════════════╗
║    1 ANGEBOT      ;auf dem Rand eines Frames aktivieren mit <Alt>+1  ║
║    2 BESTELLUNG   ;auf dem Rand eines Frames aktivieren mit <Alt>+2  ║
║    3 EILNOTIZ     ;auf dem Rand eines Frames aktivieren mit <Alt>+3  ║
║    4 VAR                                                             ║
║      4.1  ANR                                                        ║
║      4.2  BNR                                                        ║
╚═════════════════════════════════════════════════════════════════════╝
```

Bild 3.2.C Zweites Teilkonzept

Das **Konzept AAA** enthält zwei Vorschläge, ein Textgerippe aufzurufen, das Sie individuell anreichern können.

Es folgt eine Kurznachricht, die Sie mit dem Drucker ausgeben können, die sich aber noch besser für das elektronische Mailing eignet.

Kombination von <Alt> mit einem Buchstaben oder mit einer Zahl

Die **Anwendung MAKROTXT** enthält Makros, die mit einer Kombination aus der <Alt>-Taste und einem Buchstaben aufgerufen werden.

Die Makros in AAA rufen Sie mit einer Kombination aus der <Alt>-Taste und einer Ziffer auf.

Tastenkombination zum Makroaufruf

Geben Sie auf dem **Rand des umfassenden Frames AAA** an, mit welchen Tasten das jeweilige Makro aufgerufen wird:

```
;F5 Alt-1 oder Alt-2 usw.
§setmacro({alt-1},AAA.ANGEBOT),
§setmacro({alt-2},AAA.BESTELLUNG),
§setmacro({alt-3},AAA.EILNOTIZ),
```

Makro-Nr. 46: AAA.ANGEBOT

Sie rufen das Makro mit <Alt> + 1 auf und erstellen damit einen neuen Frame. Achten Sie darauf, daß sich der Cursor beim Aufruf diese Makros auf dem Rand, also **nicht innerhalb** eines Frames befindet.

Die **Angebotsnummer** und der **Name des Frames** werden automatisch generiert. Der Name des Frames setzt sich zusammen aus den Buchstaben ANGE und den vier Ziffern der aktuellen Angebotsnummer. Damit diese Angebotsnummer jeweils auf dem richtigen Stand ist, speichert das Makro das zugrundeliegende Konzept nach jeder Neuberechnung der aktuellen Angebotsnummer automatisch ab.

Sie erhalten folgenden Text in einem neuen Frame, z. B. im **Frame ANGE1002:**

Karl Nußbaumer,   Großhandel Farben und Lacke   F.: 07581/3024
Kaiserstr. 121,   7968 Saulgau

Herrn
Otto Maier
Postfach 210

7000 Stuttgart 1

                         Saulgau, den 05.04.1990

Angebot Nr. 1002

Sehr geehrter Herr ....,

wir danken Ihnen für Ihre Anfrage vom ...... und unterbreiten
Ihnen folgendes Angebot:

Wir können Ihnen zusichern, daß wir Ihren Auftrag prompt und zu
Ihrer vollen Zufriedenheit erledigen werden.

Mit freundlichen Grüßen

Bild 3.2.D Textkonserve zum Angebot

Sie können diesen 'Textbaustein' eines Angebots nach Belieben ändern und Ihren persönlichen Bedürfnissen anpassen.

Je mehr Angaben der 'Textbaustein' enthält, umso weniger muß später individuell ergänzt werden. Aber desto unflexibler ist damit die Gestaltungsmöglichkeit des Angebotstextes.

Codierung

```
§local(DATUM),                                                        ; 1
DATUM := §date1(§today),VAR.ANR:=VAR.ANR+1,                           ; 2
§eraseprompt,                                                         ; 3
§prompt("Die Angebotsnummer wird gespeichert",20),                   ; 4
§pk("{Ctrl-Return}"),                                                 ; 5
§pk("{Ctrl-N}FANGE"& §integer(VAR.ANR)& "{Return}{dnlevel}{F9}"&      ; 6
"Karl Nußbaumer,   Großhandel Farben und Lacke    F.: 07581/3024     ; 7
Kaiserstr. 121,    7968 Saulgau" & "{Ctrl-6}{Return}" &              ; 8
"Herrn                                                                ; 9
Otto Maier                                                           ;10
Postfach 210                                                         ;11
                                                                     ;12
7000 Stuttgart 1                                                     ;13
                                                                     ;14
                          Saulgau, den " & DATUM &"                  ;15
                                                                     ;16
Angebot Nr. " & §integer(VAR.ANR) & "                               ;17
                                                                     ;18
                                                                     ;19
                                                                     ;20
Sehr geehrter Herr  ....,                                            ;21
                                                                     ;22
wir danken Ihnen für Ihre Anfrage vom ........ und unterbreiten      ;23
Ihnen folgendes Angebot:                                            ;24
                                                                     ;25
                                                                     ;26
                                                                     ;27
                                                                     ;28
                                                                     ;29
                                                                     ;30
                                                                     ;31
                                                                     ;32
                                                                     ;33
                                                                     ;34
                                                                     ;35
Wir können Ihnen zusichern, daß wir Ihren Auftrag prompt und zu      ;36
Ihrer vollen Zufriedenheit erledigen werden.                        ;37
                                                                     ;38
Mit freundlichen Grüßen                                             ;39
{Ctrl-Home}{Ctrl-7}{Dnarrow}"),                                      ;40
§if(§not(§sense("{Ctrl#EV}")),§pk("{Ctrl-E}v"))                      ;41
```

Kommentar zur Codierung

In der Programmzeile 1 wird eine lokale Variable für das Datum deklariert. Ihr wird in Zeile 2 ein Wert zugewiesen. In der Zeile 15
wird dieses Datum zur Datenausgabe verwendet.

Die **Angebotsnummer** können Sie nicht mit einer lokalen Variablen entwickeln. Bei jedem Programmstart wird eine solche Variable vom System automatisch auf Null gesetzt. Sie benötigen jedoch die bisherige Angebotsnummer, um diese um 1 zu erhöhen, damit Sie die aktuelle Angebotsnummer erhalten.

Sie müssen also eine **globale Variable** verwenden. Dazu dient der **Frame VAR.ANR**. Der Inhalt dieser Variablen wird beim Speichern des Makros konserviert.

Damit der Anwender nicht nach jeder Sitzung daran denken muß, das Makro mit dem neuen Stand der globalen Variablen zu speichern, übernimmt das Makro diese Aufgabe selbst in der Zeile 5.

In der Zeile 6 wird ein neuer Textframe erzeugt und mit einem Namen versehen. Mit diesem Verfahren werden die einzelnen Angebote fortlaufend numeriert. Es wurde mit der Nummer 1000 begonnen. Somit ist gewährleistet, daß alle Nummern vierstellig und damit von gleicher Länge sind. Bei Angebot 1002 heißt der Name des entsprechenden Angebots ANGE1002.

Die Befehlsfolge *§pk("{Ctrl-6}{Return}")* in den Zeiler 8 bewirkt, daß sechs Zeilenumbrüche, d. h. sechs Leerzeilen angefügt werden.

Wenn Sie einen Vordruck mit Absenderangabe verwenden, entfernen Sie die Absenderangabe in den Zeilen 7 und 8. Die Anschrift in den Zeilen 9 bis 13 überschreiben Sie jeweils mit der aktuellen Adresse. Die Programmzeile 17 bewirkt die Ausgabe der Angebostnummer.

Die Zeile 33 schickt den Cursor zum Beginn der Anschrift.

Falls der Überschreibmodus nicht mehr aktiv ist, wird er in Zeile 41 wieder eingeschaltet, damit die Anschrift gleich in diesem Modus eingegeben werden kann.

Makro-Nr. 47: AAA.BESTELLUNG

Einen zweiten Vorschlag zu einem teilweisen Rohentwurf eines Schreibens stellt das Makro BESTELLUNG dar:

```
Karl Nußbaumer,    Großhandel Farben und Lacke     F.: 07581/3024
Kaiserstr. 121,    7968 Saulgau



Lackfabrik
CASELLAN GmbH

Postfach 213
7980 Ravensburg
                                        Saulgau, den 05.04.1990


Bestellung Nr. 1010


Sehr geehrte Herren,

wir danken Ihnen für Ihr Angebot vom ........  und bestellen
folgende Positionen:



Wir bitten Sie, die bestellten Artikel möglichst rasch zu liefern

Mit freundlichen Grüßen
```

Bild 3.2.E Textkonserve zur Bestellung

Was den Aufbau anbelangt, stimmt dieser 'Textbaustein' sehr stark mit dem bereits vorgestellten Angebot überein.

In beiden Fällen wird sowohl das Tagesdatum als auch der Name des Frames automatisch eingetragen.

Codierung

```
§local(DATUM),                                             ; 1
DATUM := §date1(§today),VAR.BNR := VAR.BNR + 1,            ; 2
§eraseprompt,                                              ; 3
§prompt("Die Bestellnummer wird gespeichert",20),         ; 4
§pk("{Ctrl-Return}"),                                      ; 5
§pk("{Ctrl-N}FBEST"& §integer(VAR.BNR) & "{Return}{dnlevel}"  ; 6
& "{F9} Karl Nußbaumer,Großhandel Farben und Lacke "      ; 7
& "F.: 07581/3024"                                         ; 8
"Kaiserstr. 121,    7968 Saulgau" & "{Ctrl-6}{Return}" &   ; 9
"Lackfabrik                                                ; 9
CASELLAN GmbH                                              ;10
                                                           ;11
Postfach 213                                               ;12
7980 Ravensburg                                            ;13
                                                           ;14
                                                           ;15
                                                           ;16
                              Saulgau, den " & DATUM  &"   ;17
                                                           ;18
Bestellung Nr. " & §integer(VAR.BNR) & "                  ;19
                                                           ;20
                                                           ;21
Sehr geehrte Herren,                                       ;22
                                                           ;23
wir danken Ihnen für Ihr Angebot vom ....... und bestellen ;24
folgende Positionen:                                       ;25
                                                           ;26
                                                           ;27
                                                           ;28
                                                           ;29
Wir bitten Sie, die bestellten Artikel möglichst rasch zu  ;30
liefern.                                                   ;31
                                                           ;32
Mit freundlichen Grüßen                                    ;33
{Ctrl-Home}{Ctrl-7}{Dnarrow}"),                            ;34
§if(§not(§sense("{Ctrl#EV}")),§pk("{Ctrl-E}v"))            ;35
```

Kommentar zur Codierung

In Zeile 2 wird die globale Variable VAR.BNR verwendet. Sie dient zur Erstellung der Bestellnummer und des Framenamens analog zum Verfahren beim Makro ANGEBOT.

Diese Nummer wird gemäß Programmzeile 19 ausgegeben.

Makro-Nr. 48: AAA.EILNOTIZ

Dieses Makro erzeugt folgenden Text einer Eilnotiz:

```
                          E I L N O T I Z

Datum: 11.07.1990                    für:

Betr.:


Wir bitton dringend um

  [ ]    Bericht       [ ]   Stellungnahme    [ ]   Erledigung

  [ ]    Rücksprache   [ ]   Entscheidung     [ ]   Rückgabe


Abteilung Einkauf            Sachbearbeiter: . ................
```

Bild 3.2.F Textkonserve zur Eilnotiz

Codierung

```
§local(Datum), Datum := §date1(§today),                          ; 1
§pk("{Ctrl-N}FEilnotiz{Return}{F9}                               ; 2
                          E I L N O T I Z                         ; 3
                                                                 ; 4
Datum: " & Datum & "                  für:                       ; 5
                                                                 ; 6
Betr.:                                                           ; 7
                                                                 ; 8
                                                                 ; 9
Wir bitten dringend um                                           ;10
                                                                 ;11
                                                                 ;12
  [ ]    Bericht       [ ]   Stellungnahme    [ ]   Erledigung   ;13
                                                                 ;14
                                                                 ;15
  [ ]    Rücksprache   [ ]   Entscheidung     [ ]   Rückgabe     ;16
                                                                 ;17
                                                                 ;18
                                                                 ;19
                                                                 ;20
Abteilung Einkauf            Sachbearbeiter: ..............."    ;21
& "{Ctrl-Home}{Ctrl-3}{Dnarrow}{Ctrl-5}{Ctrl-rightarrow}" &     ;22
"{Ctrl-2}{Rightarrow}" & " "),                                  ;23
§if(§not(§sense("{Ctrl#EV}")),§pk("{Ctrl-E}v"))                 ;24
```

Kommentar zur Codierung

Die Zeilen 22 und 23 bringen den Cursor auf die Schreibposition hinter 'für:' in der Datumszeile.

Die Zeile 24 stellt den Überschreibmodus ein, falls dieser nicht schon aktiv ist.

Textbausteine über das FRAMEWORK-Menü oder über Makros

Über das Menü *NEU* können Sie mit dem Punkt *'Makro/Abkürzung'* menügesteuert auf einfache Weise Textbausteine erzeugen. Sie können diese Bausteine danach mit einer einfachen Buchstabenkombination aufrufen.

Mit dieser Kombination sind Sie variabler, als wenn Sie Textbausteine über Makros generieren.

Sie können bei der menügesteuerten Generierung von Textbausteinen eine 'sprechende' Abkürzung verwenden, z. B. die Abkürzung 'mfG' für den Ausdruck 'mit freundlichem Gruß'. Bei der Verwendung des Makros AAA müssen Sie dagegen zum Aufruf des Textbausteins die wenig aussagekräftige Kombination der <Alt>-Taste mit einer Ziffer oder einem Buchstaben verwenden.

Allerdings werden die Textbausteine bei der menügesteuerten Generierung in der Bibliothek abgelegt. Wenn Sie relativ viele und insbesondere umfangreiche Textbausteine verwenden, dann sollten Sie überlegen, ob Sie diese nicht außerhalb der Bibliothek ablegen und bei Bedarf laden.

Makro-Nr. 49: BOXTXT1: Rahmen durch Zeigen mit den Pfeiltasten

Sie haben bereits eine Reihe von Makros kennengelernt, die Sie bei der Gestaltung eines Textes unterstützen.

Häufig benötigen Sie einen Rahmen, um einen Text oder eine Überschrift hervorzuheben.

Dabei ist es günstig, wenn Sie mit den Pfeiltasten zeigen können, von welcher Stelle aus und in welcher Höhe und Breite der Rahmen entwickelt werden soll.

Sie erstellen dazu zunächst das einfachere **Makro BOXTXT1**, welches nur in einem **leeren Textframe funktioniert**. Das Makro wird in einem leeren Textframe mit ⟨Alt⟩ + I aufgerufen.

```
=[BOXTXT1]=
    1  MAKPRG
```

Bild 3.2.G Drittes Teilkonzept

Der **Frame BOXTXT1** enhält folgenden Code zur Definition des Makroaufrufs mit der Tastenkombination ⟨Alt⟩ + I.

```
;mit <F5> aktivieren!                                       ; 1
§setmacro({alt-i},BOXTXT1.PRG)                              ; 2
```

Codierung von MAKPRG

```
§local(A, p1, p2, p3, p4),                                  ; 1
§if(§not(§sense("{CTRL#EV}")),§pk("{CTRL-E}v")),            ; 2
§eraseprompt,                                               ; 3
§prompt("<Pfeilrechts>, dann <Pfeilab>, dann <Esc>",20),   ; 4
§nextkey(1),                                                ; 5
P1 := §panel1, P3 := §Panel2,                               ; 6
§pk(" ┌"),                                                  ; 7
§while(§nextkey<>{dnarrow},                                 ; 8
      §pk("-")                                              ; 9
      ),                                                    ;10
§pk("┐"),                                                   ;11
P2:=§panel1-1,                                              ;12
§pk("{Return}" & §rept(" ",p2) & "|"),                     ;13
§while(§nextkey<>{esc},                                     ;14
      §pk("{Return}" & §rept(" ",p2) & "|")                ;15
      ),                                                    ;16
P4:=§panel2,                                                ;17
§pk("{return}"& §rept(" ",p2) & "┘" &                      ;18
   §rept("{leftarrow}",p2-p1+1) &"└"  &                     ;19
   §rept("-",p2-p1-1) &                                     ;20
   §rept("{leftarrow}",p2-p1)  &                            ;21
   §rept("{uparrow}|{leftarrow}",p4-p3)                     ;22
   )                                                        ;23
```

Die Funktion §panel1

Syntax: §panel1
Beispiel: P1 := §panel1

Die Funktion §panel1 gibt die **Spaltenposition** an, in welcher sich der Cursor innerhalb eines Frames befindet. Es handelt sich um das linke Element der beiden Angaben in der Statuszeile auf der rechten Seite hinter der Abkürzung 'Zeich:'

Die Funktion §panel2

Syntax: §panel2
Beispiel: P3 := §panel2

Die Funktion §panel2 gibt die **Zellenposition der Zeile** an, in welcher sich der Cursor innerhalb eines Frames befindet. Es handelt sich um das rechte Element der beiden Angaben in der Statuszeile auf der rechten Seite hinter der Abkürzung 'Zeich:'

Kommentar zur Codierung

Erzeugen Sie einen Textframe. Nehmen Sie darin keine Eintragungen vor. Bewegen Sie den Cursor an die Stelle innerhalb eines Textframes, an welcher die linke obere Ecke des zu zeichnenden Rahmens liegen soll. Dann starten Sie das Makro mit <Alt> + I. Sie erhalten in der Nachrichtenzeile gemäß Zeile 4 des FRED-Codes die Meldung:

<Pfeilrechts>, dann <Pfeilab>, dann <Esc>

Gemäß Makrozeilen 8 bis 10 drücken Sie die Taste <Pfeilrechts> solange, bis die obere waagrechte Linie des Rahmens soweit nach rechts gezeichnet ist, wie Sie es wünschen.

Sobald Sie die Taste <Pfeilab> drücken, wird das Makro mit Zeile 11 fortgesetzt, also die rechte obere Ecke gezeichnet.

Die nach unten führende Linie läßt sich **nicht so einfach erzeugen,**
wie die eben erstellte waagrechte Linie. Damit ein Element der nach
unten führenden Linie gezeichnet werden kann, müssen Sie **zuvor**
Leerstellen einfügen bis zur Stelle, an welcher dieses Zeichen geschrieben werden soll.

In Zeile 12 stellen Sie die Spaltenposition des Cursors fest. Der Befehl

```
§pk("{Return}" & §rept(" ",P2) & "|"),
```

bewirkt zunächst einen Zeilenumbruch, trägt dann Leerstellen in der
Anzahl von P2 und am Schluß das senkrechte Linienelement ein.

Mit <Esc> zeigen Sie dem System, daß auch diese Linie groß genug
ist, und FRAMEWORK schließt gemäß den Zeilen 18 bis 23 den Rahmen.

Lassen Sie verschiedene Rahmen zeichnen. Solange Sie einen Rahmen
in einen leeren Frame eintragen, funktioniert das Zeichnen einwand-
frei. Wenn Sie jedoch einen Text umrahmen wollen, dann klappt dies
nicht. Der einzurahmende Text wird nach unten verschoben, statt
umrahmt.

Der vor dem Zeichnen des nach unten führenden Linienelements
durchgeführte Zeilenumbruch verschiebt den vorliegenden Text nach
unten.

Das Makro muß deshalb erweitert werden.

Makro-Nr. 50: BOXTXT2: Umrahmen eines Textes

Erstellen Sie dazu das **Konzept BOXTXT2:**

```
=[BOXTXT2]=====================================
    1 PRG
    2 AB
    3 P2
    4 P5
    5 P6
    6 P7
```

Bild 3.2.H Viertes Teilkonzept

Im Formelhintergrund des Frames BOXTXT2 steht folgender Code:

```
;mit <F5> aktivieren!                                      ; 1
§setmacro({alt-d},BOXTXT2.PRG)                             ; 2
```

BOXTXT2 besteht aus dem Hauptprogramm PRG und dem von dort aufzurufenden Unterprogramm AB. Außerdem werden die globalen Variablen P2, P5, P6 und P7 verwendet. P1, P3 und P4 sind lokale Variablen.

Codierung des Programms PRG

```
§local(p1, p3, p4),                                        ; 1
§if(§not(§sense("{CTRL#EV}")),§pk("{CTRL-E}v")),           ; 2
§eraseprompt,                                              ; 3
§prompt("<Pfeilrechts>, dann <Pfeilab>, dann
        <Esc>",20),                                        ; 4
§nextkey(1),                                               ; 5
P1:=§panel1,P3:=§Panel2,                                   ; 6
§pk(" ⌈"),                                                 ; 7
§while(§nextkey<>{dnarrow},                                ; 8
       §pk("-")                                            ; 9
       ),                                                  ;10
§pk("⌐ "),                                                 ;11
P2:=§panel1-1,                                             ;12
§AB("|"),                                                  ;13
§while(§nextkey<>{esc},                                    ;14
       §AB("|")                                            ;15
       ),                                                  ;16
§AB("⌐"),                                                  ;17
P4:=§panel2,                                               ;18
§pk(§rept("{leftarrow}",p2-p1+1) & "{⌐}" &                 ;19
   §rept("-",p2-p1-1)    &                                 ;20
   §rept("{leftarrow}",p2-p1)   &                          ;21
   §rept("{uparrow}|{leftarrow}",p4-p3-1)                  ;22
   )                                                       ;23
```

Kommentar zur Codierung

Führt das Drücken der Taste <Pfeilab> zu keiner Veränderung der aktuellen Cursorposition, dann sind in der folgenden Zeile noch keine Eintragungen enthalten. Führt dagegen das Betätigen der Taste <Pfeilab> zu einer Veränderung der Cursorposition, dann ist in die folgende Zeile bereits etwas eingetragen worden, und es dürfen nur noch die Leerstellen eingetragen werden, die zum Zeichnen eines Rahmens fehlen.

Dieses Problem wird mit dem Unterprogramm AB gelöst, das im Hauptprogramm in den Zeilen 13, 15 und 17 aufgerufen wird. Damit wird in den Zeilen 13 und 15 als Parameter das senkrechte Linienelement und in der Zeile 17 die obere rechte Ecke übergeben.

Codierung des Unterprogramms AB

```
P5:=§panel2,                                          ; 1
§pk("{dnarrow}"),                                     ; 2
p6:=§panel2,                                          ; 3
§if(P5=P6,                                            ; 4
   §pk("{Return}" & §rept(" ",p2) & §item1),          ; 5
   §list(                                             ; 6
        §pk("{end}"),                                 ; 7
        P7:=§panel1,                                  ; 8
        §if(P2-P7>0,§pk(§rept(" ",p2-p7))),           ; 9
        §pk(§item1)                                   ;10
        )                                             ;11
   )                                                  ;12
```

In den Zeilen 1 bis 3 wird die Cursorposition vor und nach der Betätigung des Taste <Pfeilab> festgestellt. Ist die Zeilenposition jeweils dieselbe, dann ist in der folgenden Zeile noch nichts eingetragen, denn sonst hätte der Cursor nach unten bewegt werden können.

Ist noch keine Eintragung vorhanden, wird die Zeile 5 abgearbeitet. Andernfalls werden die Zeilen 6 bis 11 durchgeführt. Mit Zeile 9 werden die noch fehlenden Leerstellen erzeugt.

Die Zeile 10 gibt den Paramter aus, der im umfassenden Programm angegeben ist, das senkrechte Linienelemente gemäß den Zeilen 13 und 15 bzw. die obere rechte Ecke gemäß der Zeile 17 des Hauptprogramms.

Da der Cursor in der Zeile 7 an das aktuelle Zeilenende gesetzt wird, ist die Art der Durchführung des Makro-Einsatzes festgelegt:

Rahmen können mit diesem Makro entweder nur allein stehen oder von links nach rechts nebeneinander gezeichnet werden. Es kann damit kein Rahmen links von einem bereits gezeichneten Rahmen erstellt werden.

Mit Makro BOXTXT2 können Sie Übersichten wie die folgende erzeugen:

Standardbelegung der Funktionstasten in FRAMEWORK III

Taste	Funktion der Taste	Funktion von <Shift> + Taste
F1	Hilfe	
F2	Formel editieren	Abgelegten Text bearbeiten
F3	Position	
F4	Grösse	
F5	Neuberechnung	Bereich neu berechnen
F6	Auswahl	Synonymwörterbuch
F7	Verlagern	Ablegen
F8	Kopieren	Einsetzen
F9	Zoom	
F10	Sicht	
F11	Aufwärts	
F12	Abwärts	

Bild 3.2.I Texte mit Rahmen

HILF: Makros als Arbeitshilfen

Hier lernen Sie zwei ganz unterschiedliche Arbeitshilfen kennen. **TABBREIT** ermittelt die Stellenanzahl eines Ausschnitts aus einer Tabelle. Damit können Sie bereits während der Planung einer neuen Tabelle berücksichtigen, wie die Daten optimal auf Ihrem Drucker ausgegeben werden.

Das **Makro PRGLNNR** schreibt an das Ende von Programmzeilen fortlaufende Nummern. Dies vereinfacht die Programmdokumentation leichter durchführbar.

Erstellen Sie folgendes Konzept HILF:

```
=[HILF]═══════════════════════════════════════════════
    1 TABBREIT
    2 PRGLNNR

```

Bild 3.2.J Fünftes Teilkonzept

Tragen Sie im Formelhintergrund des Frames HILF die beiden folgenden Zeilen ein:

```
§setmacro({alt-q},HILF.TABBREIT),                          ; 1
§setmacro({alt-r},HILF.PRGLNNR)                            ; 2
```

Makro-Nr. 51: TABBREIT: Ermittlung der Breite eines Tabellenausschnitts

Wenn Sie eine Tabelle entwickeln, wird diese häufig relativ viele Daten aufnehmen und damit nicht in einen einzigen Bildschirmausschnitt passen. Sie können die Inhalte auf dem Bildschirm mit den Steuertasten verschieben, um sie zu betrachten.

Sie wollen jedoch auch ein ordentliches Bild der Tabelle bei der Ausgabe mit dem Drucker erzielen. TABBREIT bestimmt die Breite eines mit der Funktionstaste <F6> unterlegten Teils einer Tabelle.

Beachten Sie dabei, daß die Tabelle einen **Namen** besitzen muß, sonst funktioniert TABBREIT nicht.

Codierung zu Makro TABBREIT

```
§local(Beginn, Ende, Breite),                          ; 1
§pk("{f6}"),         Ende   := §setselection,          ; 2
§pk("{return}"),  Beginn := §setselection,             ; 3
§setselection(Ende),                                   ; 4
§while(§setselection <> Beginn,                        ; 5
     §list(§pk("{f4}"),                                ; 6
          Breite := Breite + §panel1,                  ; 7
          §pk("{esc}{leftarrow}")                      ; 8
          )                                            ; 9
     ),                                                ;10
§pk("{f4}"),                                           ;11
Breite := Breite + §panel1,                            ;12
§eraseprompt,                                          ;13
§prompt("Der ausgewählte Tabellenteil ist " &          ;14
     §integer(Breite) & " Stellen lang.",14),          ;15
§pk("{Esc}")                                           ;16
```

Kommentar zur Codierung

Wählen Sie einen Teil einer Tabelle mit der Taste <F6> aus. Dann
starten Sie das Makro mit <Alt> + Q.

In den Zeilen 2 und 3 werden der Beginn und das Ende des ausgewählten Teils ermittelt. Das Makro mißt von rechts nach links die
Breite der einzelnen Zellen und bildet davon die Summe.

Makro-Nr. 52: PRGLNNR: Kommentarnummern für ein Programm

Die **Dokumentation** spielt eine ganz entscheidende Rolle bei der Entwicklung von EDV-Verfahren. Nur wenn die einzelnen Schritte auf
dem Weg der Programmentwicklung genau archiviert werden, läßt
sich im Bedarfsfall ohne zu großen Aufwand eine Anpassung an geänderte Tatbestände vornehmen.

Im Rahmen der Dokumentation ist auch die Kommentierung der Codierung von Bedeutung. Wenn Sie die einzelnen Zeilen mit Kom-
mentarziffern fortlaufend numerieren, können Sie in einer Beschreibung auf die einzelnen Stellen des Programms eindeutig Bezug nehmen.

Das **Makro PRGLNR** erledigt diese Numerierungsaufgabe. Es enthält
folgenden FRED-Code:

```
§local(Komment, Name, P, Spalte, LnNr),              ; 1
LnNr  := 1,                                          ; 2
Name  := §inputline("Name des Programms"),           ; 3
Spalte := §value(§inputline("Spalte, ab der die "    ; 4
   & " Zeilennummer beginnt","62",#no,#yes,#no)),     ; 5
§setselection(Name),                                 ; 6
§pk("{F2}{F9}{ctrl-end}"),                           ; 7
p := §panel2,                                        ; 8
§pk("{ctrl-home}"),                                  ; 9
§while(LnNr <= p,                                    ;10
       §pk("{end}"),                                 ;11
       §if(§panel1 < Spalte,                         ;12
          §pk(§rept(" ",(Spalte-§panel1))),          ;13
          ),                                         ;14
       §if(LnNr < 10, Komment:="; ", Komment:=";"),  ;15
          §pk(Komment &§integer(LnNr) &"{Home}{dnarrow}{end}"),;16
          LnNr := LnNr + 1                           ;17
          ),                                         ;18
§pk("{F9}{esc}")                                     ;19
```

Kommentar zur Codierung

Sie rufen das Makro mit <Alt> + R auf. Anschließend werden Sie aufgefordert, den Namen des Programms einzugeben, dessen Zeilen Sie numerieren wollen. Der Cursor darf sich dabei nicht im Programmhintergrund des zu numerierenden Programms befinden.

Die Zeilen 4 und 5 verlangen die Angabe der Position, an welcher der Strichpunkt als Kommentarbezeichnung für die Numerierung geschrieben werden soll. Standardmäßig wird die Stelle 62 vorgegeben.

Damit werden für die Zeilennummern die Stellen 62 bis 64 und für den Eintrag des Zeilenumbruchs die Stelle 65 verwendet. Die Standardbreite einer Textzeile wird dabei nicht überschritten.

Druckersteuerung über das Menü *Formateinstellungen*

FRAMEWORK druckt einen Text in der Standardbreite von 10 Zeichen je Zoll, wenn Sie keine andere Einstellung vornehmen.

Über das Menü *Drucken* und den Punkt *Formateinstellungen* können Sie die Qualitätsschrift wählen. Ihr Text wird dann in NLQ-Qualität in Standardbreite gedruckt.

In diesem Menü läßt sich auch die komprimierte Schrift als Entwurfs- oder als Qualitätsschrift einstellen.

Diese Einstellungen über das Menü gelten immer für das ganze Schriftstück.

Druckersteuerzeichen über das Menü *Druckersteuerung*

Eine weitere Möglichkeit besteht darin, daß Sie das Menü *Drucken* und den Punkt *Druckersteuerung* anwählen und Druckersteuerzeichen eingeben. Damit können Sie eine ganze Palette verschiedener Möglichkeiten anwenden, die Ihr Drucker zur Schriftbreite, zur Schriftgröße und zum Zeilenabstand anbietet.

Allerdings wirkt auch diese Formatierung auf den ganzen Frame. Wenn Sie in einem Schriftstück unterschiedliche Druckerformatwünsche haben, dann teilen Sie einen größeren Frame in mehrere kleinere auf, die Sie individuell formatieren.

Druck-Format-Einstellung mit einem Makro

Es bietet sich noch eine weitere Vorgehensweise an.

Sie erstellen ein Makro zur Druckersteuerung. Dieses schreibt Steuerzeichen genau an die Textstelle, ab welcher der Formatwunsch gilt. Mit der Aktivierung eines weiteren Makros setzen Sie im laufenden Text das Steuerzeichen, welches die Formatierung wieder außer Kraft setzt.

Die spezielle Formatierung gilt dann nur für den ausgewählten Textteil innerhalb eines Frames.

Sie müssen also einen längeren Frame nicht mehr in Unterframes aufteilen, um verschiedene Formatwünsche unterzubringen.

Dieses Vorgehen bringt allerdings den Nachteil mit sich, daß die Steuerzeichen auf dem Bildschirm angezeigt werden.

Auf dem Papier erscheinen sie selbstverständlich nicht.

Wenn Sie auf diese Art formatieren, müssen Sie beachten, daß dies je nach dem Typ des Druckers unterschiedliche Auswirkungen haben kann. Sie müssen hierbei auf jeden Fall das **Druckerhandbuch** zu Rate ziehen.

Die vorliegenden Makros wurden für den Drucker **IBM Proprinter XL 24** geschrieben. Sie können diese je nach Bedarf ausweiten.

Makro-Nr. 53-56: DRUCKMAK: Makro zur Druckersteuerung

Erstellen Sie folgendes Konzept für verschiedene Schriftgrößen:

```
=[DRUCKMAK]====================================================
   1 B  ;doppelt breit ein
   2 C  ;doppelt breit aus
   3 K  ;komprimiert ein
   4 M  ;komprimiert aus
```

Bild 3.2.K Sechstes Teilkonzept

Im Formelhintergrund des Frames DRUCKMAK legen Sie fest, mit welchen Tasten das jeweilige Teilprogramm gestartet wird.

Codierung

```
;<F5>, dann <Alt> + B usw.                                    ;1
§setmacro({alt-b},DRUCKMAK.B), ;doppelt breit ein             ;2
§setmacro({alt-c},DRUCKMAK.C), ;doppelt breit aus,            ;3
§setmacro({alt-k},DRUCKMAK.K), ;komprimiert ein               ;4
§setmacro({alt-m},DRUCKMAK.M)  ;komprimiert aus               ;5
```

Kommentar zur Codierung

Wenn Sie das Makro DRUCKMAK anwählen, erscheint auf dem linken Teil des Bildschirms die Ausgabe gemäß der ersten Programmzeile, welche Bedienungshinweise gibt. Das Makro wird mit der Taste <F5> aktiviert.

Mit dem Buchstaben B wird zusammen mit der <Alt>-Taste die doppelt breite Schrift aktiviert, usw. (S. Zeile 2-5)

In den Formelhintergrund der einzelnen Unterframes schreiben Sie
folgende Formeln:

Unterframe	Formel
B	§pk(§chr(27) & §chr(87) & "1")
C	§pk(§chr(27) & §chr(87) & "0")
K	§pk(§chr(27) & §chr(15))
M	§pk(§chr(18))

Es dürfte Ihnen nicht schwerfallen, die Steuercodes aus dem Drukkerhandbuch in die einzelnen Unterframes des Makros einzubringen.

Wenn Sie z. B. einen Textteil mit dem **EPSON LQ1050** in doppelter
Schreibhöhe drucken wollen, verwenden Sie die folgende Formel, um
die Steuersequenz in einem Makro zu realisieren:

```
§pk(§chr(27) & §chr(119) & "1")
```

Diesen Schreibmodus beenden Sie mit:

```
§pk(§chr(27) & §chr(119) & "0")
```

Programmübersicht

Programm- Nummer	Programm- Name	Problemstellung
57	FILT	Einschalten der Filter
	MAKRO	Eingabesteuerung
	FEHLER	Fehlerhinweis bei Betätigung einer ausgefilterten Taste
	NUM	Prüfung, ob eine Zahl eingegeben wurde
	ENDE	Ausschalten der Filter

Wenn Daten in eine Tabelle eingegeben werden, soll dies möglichst **ohne Eingabefehler** geschehen.

In Band 1 haben Sie an verschiedenen Anwendungsbeispielen gesehen, wie Sie **Eingaben in Tabellen** von der Ausgabe der Ergebnisse abgrenzen, um Eingabefehlern entgegenzuwirken :

- Sie reservieren einen ganz bestimmten Teil der Tabelle für die Eingabe. Diesen Bereich kennzeichnen Sie beispielsweise mit einem Rahmen.

- Mit Pfeilen weisen Sie auf die Eingabe-Zellen hin, in welche Eingaben vorzunehmen sind.

- Kennzeichnen Sie Zellen zur Dateneingabe mit einer besonderen Schriftart, z. B. mit der Schräg- und/oder Fettschrift.

Mit einem **Programm** können Sie festlegen, welchen Zellen in einer genau vorgegebenen Reihenfolge Daten zugewiesen werden. Sie können hier außerdem **Plausibilitätsprüfungen** durchführen.

Wenn Sie allerdings in einer Tabelle im Menü *Zahlen* mit dem Punkt *'Auswahl des Eingabeformats'* das numerische Format für Zellen vorwählen und dann programmgesteuert über die **Funktion §inputline** Eingaben vornehmen, werden Sie überrascht feststellen, daß auch alphanumerische Werte in die Zellen abgelegt werden können, für die Sie das numerische Format gewählt haben.

Nur wenn Sie direkt auf die Kommandoebene alphanumerische Werte in Zellen eingeben, die mit numerischem Format vorbelegt sind, funktioniert diese Art der menügesteuerten Plausibilitätskontrolle.

Nur in diesem Fall wird ein Eingabefehler in der betreffenden Zelle ausgewiesen mit der Fehlermeldung:

```
#VALUE!
```

In der Nachrichtenzeile steht dann:

```
Angabe eines numerischen Werts erforderlich
```

Wenn Sie in der entsprechenden Zelle anschließend einen Wert im richtigem Format eingeben, verschwindet die Meldung #VALUE!

Sowohl bei der menü- als auch bei der bisher vorgestellten Art der programmgesteuerten Plausibilitätskontrolle geben Sie zunächst sämtliche Ziffern der zu editierenden Zahl ein.

Erst nachdem Sie den gesamten Zelleneintrag editiert haben, werden Sie auf Ihren Eingabefehler hingewiesen.

Fangen Sie Eingabefehler bereits beim Editieren ab

Wie Sie bereits während des Editierens der Eingabedaten Falscheingaben abfangen, zeigt Ihnen das **Modell 31FILTER.**

Sie arbeiten hier mit Filterfunktionen. Dabei ordnen Sie einzelnen Tasten ganz bestimmte Aufgaben zu und sperren die übrigen Tasten.

Nur die von Ihnen im Filter zugelassenen Tasten verursachen die übliche Reaktion. Sperren Sie z. B. die Taste A, dann erscheint der Buchstabe A bei Drücken dieser Taste nicht einmal in der Editierzeile.

Sie können in einem Programm dafür sorgen, daß bei der Betätigung einer solchen Taste eine Fehlermeldung in der Nachrichtenzeile erscheint.

Steuern Sie die Eingabezellen mit einer Funktionstaste an

Neben dem **Abfangen von Falscheingaben** verwenden Sie im vorliegenden Modell die Filtertechnik, um über die Funktionstaste <F2> die jeweilige Zelle anzusteuern, in welche Sie Eingaben vornehmen. Die ursprüngliche Funktion der Taste <F2>, das Editieren von Formeln, ist dabei lahmgelegt.

Sie müssen nicht für alle Eingabezellen nacheinander Daten eingeben. Es reicht aus, wenn Sie die Zellen mit <F2> anwählen und mit der Taste <Return> den bisherigen Eintrag bestätigen. Mit der Taste

<Esc> können Sie die Eingaberoutine nach Betätigen der <Return>-Taste jederzeit beenden.

Nach jeder Eingabe erfolgt eine Neuberechnung der Tabelle.

Entwerfen Sie folgende Konzeptstruktur:

```
=[31FILTER]==================================================
    1   MASCHTAB
    2   FILT
        2.1   MAKRO
        2.2   FEHLER
        2.3   NUM
        2.4   ENDE
    3   ZAHL
```

Bild 3.3.A Konzeptstruktur

Bei dem Frame MASCHTAB handelt es sich um eine Tabelle bei den übrigen um Text-/Leerframes.

Tabelle MASCHTAB zum Vergleich von zwei Anlagen:

```
=[MASCHTAB]=================================================
     A            B               C            D        E
 1
 2        Vergleich von zwei Anlagen
 3
 4        Anzahl:                   2300 Stück
 5
 6        Verkaufspreis/Stück:     57,00 DM
 7
 8                             Maschine A      Maschine B
 9                               i. DM           i. DM
10
11        Variable Kosten/Stück:   32,00           26,00
12
13        Fixe Kosten          49.000,00       62.000,00
14        Variable Kosten      73.600,00       59.800,00
15        ___________________________________________________
16        Gesamtkosten        122.600,00      121.800,00
17        Erlös gesamt:       131.100,00      131.100,00
18        ___________________________________________________
19        Gewinn/Verlust        8.500,00        9.300,00
20
```

Bild 3.3.B Die Tabelle MASCHTAB

Berechnungen in der Tabelle

Für Berechnungen innerhalb der Tabelle verwenden Sie folgende Formeln:

Zelle	Inhalt	Formel
D14	Variable Kosten	C11 * $C4
D16	Gesamtkosten	C13 + C14
D17	Gesamterlös	$C4 * $C6
D19	Gewinn/Verlust	C17 - C16

Kopieren Sie die Formeln aus diesen Zellen je einmal nach rechts.

Tabelle ohne Namensangabe

Stellen Sie den Cursor auf den Rand des Frames MASCHTAB. Entfernen Sie über das Menü *Frames* mit dem Punkt *'Namen anzeigen'* den Namen des Frames MASCHTAB.

Keine Koordinatenangaben

Damit die Darstellung noch übersichtlicher wird, entfernen Sie auch die Angaben zu den Koordinaten. Bewegen Sie dazu den Cursor in den Frame MASCHTAB hinein. Wählen Sie das Menü *Frames* und dort den Punkt *'Namen anzeigen'*.

Befindet sich der Cursor innerhalb des Frames, hat dieser Menüpunkt eine andere Wirkung, als wenn er auf dem Rand des Frames steht. Wenn jetzt vor dem Untermenüpunkt *'Name anzeigen'* nicht *'Ja'* steht, sondern zwei Striche *'--'*, werden die Koordinaten der Tabelle nicht angezeigt.

Gefilterte Eingaben mit dem Teilkonzept FILT

Mit dem **Unterprogramm FILT.MAKRO** nehmen Sie Eingaben vor. Das **Unterprogramm FILT.FEHLER** bringt eine Fehlermeldung, wenn eine ausgefilterte Taste gedrückt wird. Das **Unterprogramm FILT.NUM** prüft, ob wirklich auch eine Zahl eingegeben wird, wobei der Dezimalpunkt zugelassen ist. Das **Unterprogramm FILT.ENDE** schaltet die Filter wieder aus.

Initialisierung

Geben Sie im Formelhintergrund des umfassenden **Frames 31FILTER** folgende Programmzeilen ein:

```
;mit F5 starten !,                                        ; 1
§eraseprompt, §prompt("Dateneingabe mit Taste <F2>",30),  ; 2
[31FILTER].ZAHL:=0,                                        ; 3
§[31FILTER].FILT                                          ; 4
```

Kommentar zur Codierung

In der Zeile 3 wird die **globale Variable** *ZAHL* auf Null gesetzt. Diese Variable nimmt für die sechs Eingaben in der **Tabelle MASCHTAB** die Werte 1 bis 6 an.

Die Zeile 4 aktiviert das Unterprogramm FILT.

Aufbau der Filter
Programm 57: FILT

Erstellen Sie die Filter, indem Sie im Formelhintergrund des **Frames** FILT folgende Codierung vornehmen:

```
§keyfilter({all},FILT.FEHLER),     ; 1
§keyfilter({esc},FILT.ENDE),       ; 2
§keyfilter({F2},FILT.MAKRO),       ; 3
§keyfilter({F5}),                  ; 4
§keyfilter({char},FILT.NUM),       ; 5
§keyfilter({Return}),              ; 6
§keyfilter({leftarrow}),           ; 7
§keyfilter({rightarrow}),          ; 8
§keyfilter({backspace}),           ; 9
§keyfilter({del})                  ;10
```

Die Funktion §keyfilter

Syntax: §keyfilter(Taste,[Frame])

Beispiel 1: §keyfilter({Return})

Beispiel 2: §keyfilter({F2},FILT.MAKRO)

Die Funktion §keyfilter legt zunächst die in der Filterfunktion angegebenen Tasten lahm.

Die Funktion §keyfilter({all}FILT.FEHLER) legt **sämtliche** Tasten still.

Bei einem erneuten Aufruf der Funktion §keyfilter werden die Filter wieder aufgehoben.

Mit der Funktion §keyfilter kann man einer Taste oder einer Tastengruppe ein bestimmtes Programm zuordnen bzw. eine bestimmte Taste zulassen.

In Beispiel 1 wird die <Return>-Taste zugelassen.

In Beispiel 2 wird ein Filter gesetzt, der bewirkt, daß bei Betätigen der Taste <F2> das **Programm FILT.MAKRO** aktiviert wird.

Wenn Sie Ihr Programm beenden, müssen Sie wieder alle Filter deaktivieren. Dies geschieht ebenfalls mit dem Befehl §keyfilter({all}).

Beim Filtern sind auf der Tastatur sechs Gruppen zu unterscheiden

1. Die Funktionstasten <F1> bis <F10>

2. Die Tasten <Pfeilauf>, <Pfeilab>, <Pfeilrechts>,<Pfeillinks>, <Pos1>, <Ende>, <Bildauf>, <Bildab>, <Num+>, <Num->, <Entf>, <Einfg>, <Tab>, <Esc>, <Return>, <Rück>, <Rollen>.

3. Die alphabetischen, numerischen Zeichen und Satzzeichen, also die gewöhnlichen Eingabetasten.

4. Alle Kombinationen mit der <Alt>-Taste für Makros.

5. Kombinationen aus <Strg>-Taste und Buchstaben.

6. Kombinationen aus <Strg>-Taste und Zifferntasten. (Wiederholfunktion).

Sie können nur die Tasten der **beiden ersten Klassen individuell** filtern. Wenn Sie eine einzelne Taste der Klasse 2 bis 6 in der Filterfunktion angeben, betrifft dies jeweils alle Tasten dieser Gruppe.

Beispiele:

Funktionen	gefilterte Tasten
1. §keyfilter({F1}),	die Funktionstaste <F1>.
2. §keyfilter({Esc}),	die Taste <Esc>.
3. §keyfilter({A}),	alle zu druckenden Zeichen.
4. §keyfilter({ALT-A}),	alle ALT-Tasten-Kombinationen
5. §keyfilter({CTRL-A}),	alle Kombinationen aus <Strg>-Taste und Buchstabentaste
6. §keyfilter({CTRL-1}),	alle Kombinationen aus <Strg>-Taste und Zifferntasten.

Kommentar zur Codierung

Die Bedeutung dieser Einteilung in verschiedene Klassen können Sie dem **Programm FILT** entnehmen:

In Zeile 1 schalten Sie die gesamte Tastatur ab mit dem Befehl:

```
§keyfilter({all}, FILT.FEHLER),
```

In den nachfolgenden Zeilen lassen Sie einzelne Tasten wieder zu. Drücken Sie beim Programmlauf eine der nicht zugelassenen Tasten, wird das **Unterprogramm FEHLER** mit einer Fehleranzeige aktiviert.

Ganz wichtig ist es, daß Sie sich einen Ausgang aus der Filtersperre schaffen. In Programmzeile 2 lassen Sie die <Esc>-Taste zu. Drücken Sie im Programmlauf diese Taste, so führt Sie diese zum **Unterprogramm ENDE.** Sie müssen in ENDE einen Befehl schreiben, der die Filter wieder global aufhebt.

Auch während der Programmentwicklung ist ein solcher Ausgang wichtig. Versäumen Sie es, einen solchen zu programmieren, kann es passieren, daß sich Ihnen die gesamte Tastatur - wie befohlen - verweigert. Es hilft dann nur ein Neustart weiter.

In Programmzeile 3 legen Sie eine Verbindung zwischen der Taste <F2> und dem **Unterprogramm MAKRO.** Jedesmal, wenn Sie die Taste <F2> drücken, wird MAKRO aktiviert. Damit nehmen Sie eine Eingabe vor.

In der vierten Programmzeile lassen Sie die Funktionstaste ⟨F5⟩ zu.
Sie brauchen diese, damit Sie nach der makro-programmgesteuerten
Eingabe eines Wertes eine programmgesteuerte Neuberechnung der
geänderten Werte vornehmen können.

In Programmzeile 5 weisen Sie Eingaben der Gruppe {char} dem **Unterprogramm NUM** zu. Bei der Gruppe {char} handelt es sich um Eingaben der Klasse drei, also um alphabetische und numerische Zeichen, sowie um Satzzeichen.

Das **Unterprogramm NUM** prüft auf numerisches Format. Falls dieses
Format nicht eingehalten wird, ruft NUM das **Unterprogramm FEHLER**
mit einer Fehleranzeige auf.

In den Programmzeilen 6 bis 10 werden die Tasten zugelassen, welche Sie zum Editieren von Eingaben benötigen. Es handelt sich um folgende Tasten:

```
{Return}, {leftarrow}, {rightarrow}, {backspace} und {del}
```

Dateneingabe mit dem Unterprogramm MAKRO

Codierung

```
ZAHL:=ZAHL+1,                                                    ; 1
§select(ZAHL,                                                    ; 2
  MASCHTAB.C4:=§value(§inputline("Stückzahl",                    ; 3
                      §integer(MASCHTAB.C4),#yes,#yes,)),        ; 4
  MASCHTAB.C6 :=§value(§inputline("Verkaufspreis je Stück",      ; 5
                      §integer(MASCHTAB.C6),#yes,#yes,)),        ; 6
  MASCHTAB.C11:=§value(§inputline("Variable Kosten/Stück von"&;  7
          " Maschine A",§integer(MASCHTAB.C11),#yes,#yes,)),     ; 8
  MASCHTAB.C13:=§value(§inputline("Fixe Kosten von Maschine A";  9
                  ,§integer(MASCHTAB.C13),#yes,#yes,)),          ;10
  MASCHTAB.D11:=§value(§inputline("Variable Kosten/Stück von"&; 11
          " Maschine B", §integer(MASCHTAB.D11),#yes,#yes,)),    ;12
  MASCHTAB.D13:=§value(§inputline("Fixe Kosten von Maschine B"; 13
                  ,§integer(MASCHTAB.D13),#yes,#yes,))           ;14
    ),                                                           ;15
§eraseprompt,                                                    ;16
§setselection("[46FILTER].MASCHTAB"),                            ;17
§pk("{f5}"),                                                     ;18
§if(ZAHL<6,                                                      ;19
  §prompt("Weiter mit <F2>        Ende mit <Esc>",26)           ;20
  §ENDE                                                          ;21
  )                                                              ;22
```

Kommentar zur Codierung

In der ersten Programmzeile wird der Inhalt der globalen Variablen ZAHL um 1 erhöht. Diese Variable gibt an, um welche der sechs Eingaben in die Tabelle MASCHTAB es sich in einem Programmlauf handelt.

In Abhängigkeit vom Wert dieser Zahl wird mit einer Mehrfachanweisung in den Programmzeilen 3 bis 15 eine Eingabeanweisung ausgewählt.

Die Eingabe wird mit dem Befehl §inputline vorgenommen. Beim Programmlauf wird ein erläuternder Text zur Eingabe ausgegeben, z. B. der Text "Stückzahl" . In der Editierzeile erfolgt als Vorgabe der bisher eingetragene Wert der betreffenden Zelle. Dazu dient z. B. in der Zeile 4 folgender Teil des Befehls: §integer(MASCHTAB.C4). Die Vorgabe muß dabei als String geschrieben werden. MASCHTAB.C4 allein bezeichnet dagegen eine numerische Variable.

Nach der Eingabe wird gemäß Zeile 18 eine Neuberechnung vorgenommen, damit die neu eingegebenen Daten mit den in der Tabelle enthaltenen Formeln berechnet werden.

Solange der Wert der globalen **Variablen** *ZAHL* kleiner als 6 ist, solange es sich also nicht um die letzte Eingabe eines Programmlaufs handelt, erfolgt die Ausgabe gemäß Zeile 20. Ist die ZAHL 6, wird das Unterprogramm ENDE aktiviert.

Fehlerhinweise mit dem Unterprogramm FEHLER

Das Unterprogramm **FEHLER** wird von 2 Stellen aus aufgerufen, zum einen von **FILT** und zum anderen von **NUM** aus.

Codierung

```
§beep,                              ; 1
§eraseprompt,                       ; 2
§prompt("Taste nicht aktiv",30),    ; 3
§beep(20,100),                      ; 4
§eraseprompt                        ; 5
```

Die Funktion §beep

Syntax: §beep(Höhe, Dauer)
Beispiel: §beep(20, 100)

Die Funktion §beep erzeugt einen Ton mit einer Frequenz der angegebenen Höhe und einer Länge der angegebenen Dauer, also z. B. einer Höhe von 20 Hertz und einer Dauer von 100.

Ein Ton der Frequenz 20 Hertz ist nicht hörbar. Damit läßt sich eine akustisch nicht hörbare Verzögerung des Programmlaufs realisieren. Das C hat z. B. die Frequenz 523. Ein C der nächst höheren Oktave erzeugen Sie mit der Frequenz 523 * 2, also 1046 Hertz.

Die Dauer von 100 bedeutet eine Sekunde. Die Dauer ist unabhängig vom jeweils verwendeten Prozessortyp.

Wenn Sie also bei Vorkommen eines Fehlers ein akustisches Signal erhalten wollen, dann müssen Sie nur die Angaben zur Frequenz ändern.

Formatprüfung mit dem Unterprogramm NUM

Das Unterprogramm NUM prüft, ob Ihre Eingaben tatsächlich von numerischem Typ sind. Dieses Programm wird in FILT aufgerufen mit dem Befehl:

```
§keyfilter({char},FILT.NUM)
```

Die Funktion §or

Syntax: §or(Ausdruck 1, Ausdruck 2, ..., Ausdruck n)
Beispiel: §or(key >= {0}, §key <= {.})

Die Funktion §or ergibt den logischen Wert #TRUE oder #YES, wenn mindestens ein Ausdruck den logischen Wert #TRUE hat.

Die Funktion §and

       Syntax: §and(Ausdruck 1, Ausdruck 2, ..., Ausdruck n)

       Beispiel: §and(key >= {0}, ·§key <= {9})

Die Funktion §and liefert nur dann den logischen Wert #TRUE oder #YES, wenn alle Parameter zutreffen, d. h. wenn sie den logischen Wert #TRUE haben.

Die Funktion §key

       Syntax: §key

       Beispiel: §if(§key = {esc}, ...)

Die Funktion §key gibt an, welche Taste zuletzt gedrückt wurde. Die Tastenbezeichnungen müssen in geschweifte Klammern gesetzt werden.

Die Funktion §keyname

       Syntax: §keyname(Taste)

       Beispiel: §keyname(§key)

Die Funktion §keyname liefert den Namen der Taste als String.

Wird z. B. die Taste <F5> gedrückt, liefert §keyname(§key) den Namen {F5}.

Codierung des Unterprogramms NUM

```
§if(                                        ; 1
   §or(                                     ; 2
      §and(§key>={0},§key<={9}),            ; 3
      §key={.}                              ; 4
      ),                                    ; 5
   §pk(§keyname(§key)),                      ; 6
   §FEHLER                                   ; 7
   )                                        ; 8
```

Kommentar zur Codierung

Der eingegebene Wert muß sowohl größer oder gleich 0, als auch kleiner oder gleich 9 sein. Es kann sich dabei auch um einen Dezimalpunkt handeln.

Falls diese Bedingungen erfüllt sind, wird Programmzeile 6, sonst Zeile 7 ausgeführt.

Mit der Funktion §pk in Programmzeile 6 wird der Name der jeweils eingegebenen Taste geschrieben.

Ausstieg aus dem Filter mit dem Unterprogramm ENDE

Das Unterprogramm ENDE wird von den Programm FILT und MAKRO aus aufgerufen.

Codierung

```
§keyfilter({all}),                                         ; 1
§eraseprompt,                                              ; 2
§prompt("Ende. " &                                        ; 3
    " Erneute Berechnung nach Start mit Taste <F5>",15),   ; 4
§pk("{ctrl-out}")                                         ; 5
```

Kommentar zur Codierung

In der Zeile 1 werden alle Filter außer Kraft gesetzt, sodaß wieder alle Tasten standardmäßig funktionieren.

Mit der Zeile 5 setzen Sie den Cursor auf den Rand des umfassenden Frames.

4. Datenaustausch

Thematik	Dateien
4.1 Allgemeines	
4.2 Multiplan	32MP WACHSTUM.SYL
4.3 dBASE	33DB VERKAUF.DBF WOCHE390.DBF

4.1 Allgemeines

Vermeiden Sie Insellösungen

FRAMEWORK III ist ein integriertes Paket mit den Modulen Textverarbeitung, Datenbank, Tabellenkalkulation, Grafik, Telekommunikation und nicht zuletzt FRED, dem Programmeditor.

Mit dieser Leistungsvielfalt führt FRAMEWORK III den Anwender wesentlich weniger zur Insellösung als ein Einfachtool, z. B. ein reines Textverarbeitungs- oder ein Tabellenkalkulationsprogramm.

Einfachtools haben gegenüber integrierten Paketen häufig den Vorteil der einfacheren Bedienung, da das entsprechende Programm nicht so komplex ist.

Wenn Sie allerdings mit verschiedenen Einzeltools arbeiten, die über eine unterschiedlich gestaltete Benutzeroberfläche und eine unterschiedliche Belegung der Funktionstasten verfügen, haben Sie es von der Bedienungsseite her gesehen leichter bei der integrierten Software FRAMEWORK, da Sie sich hier auf ein durchgehend **gleiches Operating für alle Einzelmodule** verlassen können.

Ein Einfachtool deckt i. d. R. einen größeren Rahmen an Anwendungsmöglichkeiten ab als das entsprechende Teilmodul des integrierten Pakets. So ist z. B. die Textverarbeitung in FRAMEWORK III gewiß recht leistungsstark. Niemand wird aber in Abrede stellen wollen, daß es Einfachtools der Textverarbeitung gibt, mit denen sich noch professionellere Lösungen im Bereich der Textverarbeitung erstellen lassen als mit FRAMEWORK III.

Da nun eine große Vielfalt von Programmen im praktischen Einsatz ist, mit dessen Bedienung der Anwender bereits vertraut ist, kommt es ganz wesentlich darauf an, wie weit es FRAMEWORK gelingt, die mit diesen Fremdprogrammen erfaßten Daten zu übernehmen.

Auswertungen von Dateien im Fremdformat mit FRAMEWORK

FRAMEWORK ist ein leistungsstarkes Analyse- und Planungsinstrument. Sie können Daten, die in Einfachtools in Tabellen erfaßt worden sind, mit FRAMEWORK durch Grafik, Texte und FRED-Programme auswerten.

Liegen die Daten in einer Datenbank vor, so bietet sich in FRAMEWORK die Auswertung mittels der **Tabellenkalkulation**, der **Grafik**, der **Textverarbeitung** und der **FRED-Programmierung** an.

Allerdings wird kaum jemand bereit sein, bereits einmal in einem Einfachtool erfaßte Daten noch einmal in das integrierte Paket FRAMEWORK einzutippen. Aus diesem Grunde ist es besonders wichtig, daß FRAMEWORK auch Dateien mit fremden Formaten verarbeiten kann.

Selbstverständlich kann FRAMEWORK nicht sämtliche existierenden Formate einlesen. Wäre dies der Fall, müßte FRAMEWORK so umfangreich sein, daß dies sämtliche Vorstellungen von Speichermöglichkeiten und Kosten sprengen würde.

FRAMEWORK liest Dateien im Fremdformat

Was FRAMEWORK bietet ist recht beachtlich:

Über das Menü *Laufwerk* können Sie mit dem Punkt *'Schreiben von Fremdformatdateien'* bzw. *'Lesen von Fremdformatdateien'* zeigen lassen, welche Konvertierungsmöglichkeiten FRAMEWORK III bietet.

Sie können Dateien in folgenden Formaten einlesen:

```
A. FRAMEWORK oder FRAMEWORK II
B. dBASE
C. IBM PC-TEXT (DCA)
D. Word-Star
E. MultiMate
F. WordPerfect
G. ASCII-Text
H. LOTUS 1-2-3
I. Multiplan SYLK
J. VisiCalc DIF
```

Umweg über ein ASCII-File

Bei Punkt *'G. ASCII-Text'* liegt ein Format vor, bei dem sich ein in obiger Auflistung nicht aufgeführtes Programm im Fremdformat mit FRAMEWORK auf dem kleinstmöglichen Nenner einigt, z. B. das Textverarbeitungsprogramm WORD.

Sie können dabei keine Datenübertragung mit voller Übernahme des Inhalts wie bei den anderen aufgeführten Formaten vornehmen.

Bei dieser Methode geht nämlich die Formatierung der Quellendatei beim Einlesen bzw. der Zieldatei beim Schreiben verloren.

Beim Importieren bekommt die ASCII-Datei an jedem **Zeilenende** einen **Carriage-Return.** Sie können diese Returns mit dem **Bibliotheks-Makro** entfernen, das Sie mit der Tastenkombination <Alt> + <F9> aufrufen

Dieser Weg über ein ASCII-File bietet sich Ihnen nur an, wenn Sie über keine andere Konvertierungsmöglichkeit verfügen.

Sie können sich z. B. *WORD for WORD* beschaffen. Mit diesem Programm können Sie Texte aus FRAMEWORK III in die aktuelle Version WORD 5.0 konvertieren. *WORD for WORD* übernimmt die meisten Steuerzeichen und Formatierungen. Die Konvertierung funktioniert jedoch nicht bei Befehlen, die nur eines der zu konvertierenden Programme besitzt[1].

FRAMEWORK schreibt auch im Fremdformat

Sie können in folgenden Formaten schreiben:

```
A. FRAMEWORK II
B. dBASE
C. IBM PC-TEXT (DCA)
D. Word-Star
E. MultiMate
F. WordPerfect
G. ASCII-Text
H. LOTUS 1-2-3
I. Multiplan SYLK
J. Comma Delimited
```

---

[1](Quelle: PC Magazin Nr. 5, 24.01.90, Seite 22)

4.2 Multiplan   Dateien: 32MP und WACHSTUM.SYL

P r o g r a m m ü b e r s i c h t

Programm- Nummer	Programm- Name	Problemstellung
58	WACHSTUM.SYL	Reales und nominelles Wachstum eines Kapitals in Multiplan erstellt
59	WACHSTUM2	Reales und nominelles Wachstum eines Kapitals in FRAMEWORK eingelesen und überarbeitet

Dieses Kapitel beschäftigt sich mit dem Einlesen und der Auswertung einer Tabelle aus **Multiplan.** Danach untersuchen Sie mittels einiger FRAMEWORK-Tabellen den umgekehrten Weg: Die Konvertierung von FRAMEWORK nach Multiplan. Damit stehen dem Multiplan-Anwender auch Anwendungen zur Verfügung, die in FRAMEWORK erstellt worden sind. Sie haben in Multiplan eine Anwendung angelegt, die Sie grafisch auswerten wollen. Multiplan verfügt über kein **Grafik-Modul.** Diese Lücke können Sie mit dem Grafik-Modul von FRAMEWORK schließen.

Außerdem sind die Gestaltungsmöglichkeiten einer Multiplan-Tabelle begrenzt. In FRAMEWORK haben Sie dieselben Formatierungsmöglichkeiten für eine Tabelle, wie sie Ihnen auch in der **FRAMEWORK-Textverarbeitung** zur Verfügung stehen, also z. B. Fettschrift, Schrägschrift, unterstreichen, hoch- und tiefstellen.

Voraussetzung für die Auswertung und Verbesserung Ihrer Multiplan-Tabelle ist, daß der Datentransfer von Multiplan zu FRAMEWORK problemlos klappt. Dieser Frage gehen wir an Hand der folgenden Anwendung nach.

Multiplantabelle WACHSTUM.SYL
Programm 58

Folgende Tabelle ist in Multiplan, Version 3.00, erstellt und im SYLK-Format gespeichert worden.

```
        2         3         4         5          6          7
 1
 2   Reales und moninelles Wachstum eines Kapitals
 3
 4   Anfangskapital..: 20.000,00 DM
 5   Zinsfuß.........:      7,0 Prozent
 6   Inflationsrate..:      3,2 Prozent
 7
 8   Ende      Kapital   Kapital   Zuwachs  Inflations- Inflations-
 9   Jahr      nominal      real      real     verlust    verlust >
10                  DM        DM        DM          DM Zuwachs real
11      1   21.400,00 20.760,00    760,00      640,00
12      2   22.898,00 21.548,88  1.548,88    1.349,12
13      3   24.500,86 22.367,74  2.367,74    2.133,12
14      4   26.215,92 23.217,71  3.217,71    2.998,21
15      5   28.051,03 24.099,98  4.099,98    3.951,05
16      6   30.014,61 25.015,78  5.015,78    4.998,82
17      7   32.115,63 25.966,38  5.966,38    6.149,25 *

25     15   55.180,63 34.993,73 14.993,73   20.186,90 *
```

Bild 4.2.A Auszug aus der Multiplantabelle

Rein äußerlich erkennen Sie die Multiplantabelle an der Koordinatenangabe. Statt der bei FRAMEWORK üblichen Buchstaben verwendet Multiplan Ziffern für die Spaltenbezeichnung.

Die Spalte 1 ist nur zwei Stellen breit. Deshalb erscheint die Ziffer 1 bei den Koordinatenangaben der Spalten nicht. Die Tabelle stellt dar, wie sich ein Kapital über eine Reihe von Jahren bei einem konstanten Zinssatz entwickelt.

Mehr noch als die Darstellung der nominellen Entwicklung des Kapitals in Spalte 3 dürfte dessen reale Veränderung in Spalte 4 Ihr Interesse finden. Die Auswirkungen von unterschiedlichen Inflationsraten auf das reale Wachstum des Kapitals wird damit deutlich. In Spalte 5 ist der Realzuwachs für jedes Jahr und in Spalte 6 der Inflationsverlust dargestellt.

Die Spalte 7 zeigt einen Stern (*), wenn der Inflationsverlust einen größeren DM-Betrag ausmacht als der reale Zuwachs in DM. Damit wird die Auswirkung der Inflationsrate auf das reale Wachstum des Kapitals anschaulich hervorgehoben.

Die Tabelle wurde über das Menü *Format* und die Punkte *'Optionen'*, *'Tausenderpunkte Ja'* formatiert.

Damit die Multiplan-Anwendung von FRAMEWORK eingelesen werden kann, muß sie im Format SYLK vorliegen. Dazu wurde beim Speichern der Multiplan-Datei der Punkt *'Übertragen Optionen'* und dann das Format 'SYLK' gewählt. Diese SYLK-Datei befindet sich auf der Anwendungsdiskette unter dem Namen **WACHSTUM.SYL**.

Konzept 32MP

Erstellen Sie folgendes Konzept:

```
┌─[32MP]════════════════════════════════════════════════════╗
║    1   WACHSTUM1                                           ║
║    2   WACHSTUM2                                           ║
║    3   WACHSTAB                                            ║
║    4   WACHSGRAF                                           ║
╚═══════════════════════════════════════════════════════════╝
```

Bild 4.2.B Konzeptstruktur

Einlesen der Multiplan-Datei in FRAMEWORK

Verlassen Sie Multiplan und starten Sie FRAMEWORK III. Wählen Sie das Menü *Laufwerk* und dann den Punkt *'Lesen von Fremdformatdateien'*. Wählen Sie *'I. Multiplan SYLK'*. Danach geben Sie die Bezeichnung des Laufwerks an, auf dem Sie die Datei WACHSTUM.SYL gespeichert haben und dann den Dateinamen. (Es klappt aber auch, wenn Sie diese Multiplan-Datei wie eine normale FRAMEWORK-Datei einlesen lassen.)

Sie können jetzt beobachten, wie FRAMEWORK III die Multiplandatei einliest.

WACHSTUM1.FW3: Multiplan-Daten in FRAMEWORK

Die Tabelle wird fast vollständig korrekt übertragen, was folgende Darstellung der **FRAMEWORK-Datei WACHSTUM1** zeigt:

```
=[WACHSTUM1]=
    A   B          C          D          E          F           G           H
 1
 2 |  Reales und moninelles Wachstum eines Kapitals
 3
 4 |  Anfangskapital..:     20000 DM
 5 |  Zinsfuß........:         7 Prozent
 6 |  Inflationsrate..:      3,2 Prozent
 7
 8 |  Ende   Kapital    Kapital    Zuwachs    Inflations-  Inflations-
 9 |  Jahr   nominal    real       real       verlust      verlust >
10 |         DM         DM         DM         DM           Zuwachs real
11 |  1,00     21400     20760        760          640
12 |  2,00     22898  21548,88    1548,88      1349,12
13 |  3,00  24500,86  22367,74    2367,74      2133,12
14 |  4,00  26215,92  23217,71    3217,71      2998,21
15 |  5,00  28051,03  24099,98    4099,98      3951,05
16 |  6,00  30014,61  25015,78    5015,78      4998,82
17 |  7,00  32115,63  25966,38    5966,38      6149,25 *
18 |  8,00  34363,72  26953,11    6953,11      7410,62 *
19 |  9,00  36769,18  27977,32    7977,32      8791,86 *
20 | 10,00  39343,03  29040,46    9040,46     10302,56 *
21 | 11,00  42097,04  30144,00   10144,00     11953,04 *
22 | 12,00  45043,83  31289,47   11289,47     13754,36 *
23 | 13,00  48196,90  32478,47   12478,47     15718,43 *
24 | 14,00  51570,68  33712,65   13712,65     17858,03 *
25 | 15,00  55180,63  34993,73   14993,73     20186,90 *
```

Bild 4.2.C Aus Multiplan konvertierte FRAMEWORK III-Tabelle

Formatierungsprobleme

Lediglich bei der Formatierung gibt es Probleme. Die Jahreszahlen erscheinen mit zwei Nachkommastellen. Die Tausenderpunkte fehlen

Bei Zahlen in den Spalten C bis F, deren Nachkommastellen Nullen zum Inhalt haben, sind diese Nullen nicht ausgewiesen, obwohl in Multiplan das Format Festkomma mit zwei Nachkommastellen gewählt wurde. Dies betrifft die Zellen D4, D5, C11 bis F11, sowie C12.

Eine **Nachformatierung** über das Menü *Zahlen* behebt diese Abweichungen.

Übersetzung der Formeln

Im folgenden wird gezeigt, wie FRAMEWORK die in Multiplan erstellten Formeln übersetzt. Bevor die entsprechenden Formeln im Vergleich vorgestellt werden, soll zu deren Verständnis kurz erklärt werden, welche Berechnungen in der Tabelle WACHSTUM1 vorgenommen werden.

Das Nominalkapital in der Spalte C am Ende des ersten Jahres erhalten Sie, indem Sie das Anfangskapital in der Zelle D4 um den Zins erhöhen. In den Folgejahren wird der Zins zum Kapitalstand des jeweiligen Vorjahrs addiert.

Das Realkapital am Ende des ersten Jahres ermitteln Sie in der Zelle D11, wenn Sie zum Anfangskapital den Realzuwachs addieren. Diesen erhalten Sie, indem Sie den Zinsfuß um die Inflationsrate kürzen und den so errechneten Prozentsatz auf das Ursprungskapital anwenden. In den Folgejahren berechnen Sie das Realkapital jeweils auf der Basis des Vorjahres.

Den Realzuwachs in der Spalte E bestimmen Sie als Differenz zwischen dem Realkapital in der Spalte D und Anfangskapital in der Zelle D4. Der Inflationsverlust in der Spalte F läßt sich ermitteln, indem Sie das Realkapital vom Nominalkapital subtrahieren.

Vergleich der Formeln in Multiplan und FRAMEWORK

Sämtliche Multiplan-Formeln sind, beim Einlesen der Datei WACHSTUM.SYL exakt in die FRAMEWORK-Schreibweise übersetzt worden. Dies zeigt die folgende Gegenüberstellung.

Wert	Zellen-koordinaten MP	FW3	Ursprungsformeln in Multiplan	Ergebnisformeln in FRAMEWORK III
Ende Jahr	Z11S2	B11	1	1
Ende Jahr	Z12S2	B12	Z(-1)S+1	D11+1
Ende Jahr	Z13S2	B13	Z(-1)S+1	D12+1
Kapital nom.	Z11S3	C11	Z4S4*(1+(Z5S4/100))	D4*(1+D5/100)
Kapital nom.	Z12S3	C12	Z(-1)S*(1+(Z5S4/100))	C11*(1+(D5/100))
Kapital nom.	Z13S3	C13	Z(-1)S*(1+(Z5S4/100))	C12*(1+(D5/100))
Kapital real	Z11S4	D11	Z4S4*(1+Z5S4-Z6S4)/100)	D4*(1+(D5-D6)/100)
Kapital real	Z12S4	D12	Z(-1)S*(1+(Z5S4-Z6S4)/100)	D11*(1+(D5-D6)/100)
Kapital real	Z13S4	D13	Z(-1)S*(1+(Z5S4-Z6S4)/100)	D12*(1+(D5-D6)/100)
Zuwachs real	Z11S5	E11	ZS(-1)-Z4S4	D11-D4
Zuwachs real	Z12S5	E12	ZS(-1)-Z4S4	D12-D4
Zuwachs real	Z13S5	E13	ZS(-1)-Z4S4	D13-D4
Inflat.verl.	Z11S6	F11	ZS(-3)-ZS(-2)	C11-D11
Inflat.verl.	Z12S6	F12	ZS(-3)-ZS(-2)	C12-D12
Inflat.verl.	Z13S6	F13	ZS(-3)-ZS(-2)	C13-D13
Inflat.verl.	Z11S7	G11	WENN(ZS(-1)>ZS(-2);"*";" ")	@IF(F11>E11,"*"," ")
>Zuw. real	Z12S7	G12	WENN(ZS(-1)>ZS(-2);"*";" ")	@IF(F12>E12,"*"," ")
	Z13S7	G13	WENN(ZS(-1)>ZS(-2);"*";" ")	@IF(F13>E13,"*"," ")

Kürzere Koordinatenangabe und prägnantere Formelschreibweise in FRAMEWORK

Bei diesem Vergleich fällt zunächst auf, daß die Koordinatenangaben in FRAMEWORK kürzer und damit prägnanter formuliert sind.

Auch die Formeln sind in FRAMEWORK leichter lesbar. Beim Einlesen des SYLK-Multiplan-Formats werden relative und absolut adressierte Multiplan-Formeln in relativ adressierte FRAMEWORK-Formeln umgewandelt.

Es sind jeweils die Formeln der drei Zeilen 11, 12 und 13 der Tabellen WACHSTUM.SYL und WACHSTUM1.FW3 aufgeführt.

Korrekt übersetzte Abfrage

Auch die Abfrage in der Spalte 7 (in Multiplan) wurde exakt in die Spalte G (in FRAMEWORK) übersetzt. Dabei verwendet FRAMEWORK nicht das §- sondern das @-Zeichen.

Probleme beim Übersetzen von Multiplan-Makros

Beim Einlesen einer anderen Multiplan-Tabelle, die Makros enthält, ergaben sich Probleme. Die Tabelle wurde zwar in FRAMEWORK umgesetzt. Die Makros konnten jedoch nicht aktiviert werden.

Es ist leicht einzusehen, daß die Konvertierungsroutinen von FRAME-WORK nicht den ganzen Inhalt der jeweiligen Basisprogramme enthalten können. Dies zu realisieren würde jede vernünftige Vorstellung über den Umfang solcher Routinen sprengen.

Die entsprechenden Makros müssen in FRAMEWORK neu realisiert werden.

Aufbereitung der Multiplan-Tabelle mit FRAMEWORK

Die FRAMEWORK-Tabelle stimmt inhaltlich genau mit der Multiplan-Tabelle überein. Sie verbessern noch die Darstellung vor der grafischen Auswertung.

Formatieren Sie die Überschrift und die Daten im Eingabereich in Fettschrift. Es handelt sich um die Zeilen 4 bis 6 der Tabelle WACHSTUM1. Damit heben Sie den Eingabebereich optisch hervor.

Schreiben Sie einzelne Angaben, die im Ausgabebereich besondere Beachtung finden sollen, in Schräg- und Fettschrift wie folgt:

Ende	*Kapital*	*Kapital*	*Zuwachs*
Jahr	*nominal*	*real*	*real*

Zeichenformatierung in Multiplan

In Multiplan, Version 4.01 steht Ihnen die Formatierung im Zeichen-
format zur Verfügung. Damit können Sie Feldinhalte fett schreiben,
unterstreichen, durchstreichen und kursiv schreiben. Diese Formatierung mit Multiplan 4.01 weist jedoch einen gravierenden Nachteil
auf: Sie wirkt sich auf dem Bildschirm nicht aus. Sie wird erst
sichtbar bei der Ausgabe mit dem Drucker. Damit ist das Handling
mit dieser Formatierung bei Multiplan recht umständlich. Jedesmal,
wenn Sie die Formatierung ändern wollen und sich nicht sicher sind
über den bisherigen Zustand, müssen Sie einen Probeausdruck vornehmen.

Zeichenformatierung in FRAMEWORK

In FRAMEWORK sehen Sie die Auswirkung der Formatierung der Zeichen sofort auf dem Bildschirm. Sie besitzen dabei Möglichkeiten
welche Multiplan 4.01 nicht bietet, z. B. das Hoch- und Tiefstellen
von Zeichen.

Ausschnittstechnik und Rahmen

In Multiplan können Sie den Eingabe- vom Ausgabebereich abgrenzen, indem Sie die Ausschnittechnik anwenden. Wenn Sie jeden dieser beiden Ausschnitte umrahmen, haben Sie jedoch relativ wenig
Platz auf dem Bildschirm, um die Ausgabedaten anzuzeigen. In Multiplan belegt das Menü selbst einige Zeilen. Wenn Sie in Multiplan auf
die Umrahmung verzichten, bringt das zwar einen Platzgewinn, jedoch eine optische Verschlechterung der Darstellung auf dem Bildschirm.

In FRAMEWORK läßt sich innerhalb eines umfassenden Frames (z. B.
in einem Konzeptframe) eine Darstellung in verschiedene Frames
aufteilen.

Fixieren von Zeilen- und Spalten

In Multiplan erreichen Sie über die Einteilung Ihrer Anwendung in
Ausschnitte, daß die Zeilen mit den Überschriften für die Ausgabe in

einem ersten Ausschnitt permanent präsent sind, während Sie in Ausschnitt zwei bei den Ausgaben nach unten blättern können. Ohne diese Ausschnitte verschwinden die Überschriften auf dem Bildschirm, sobald Sie bei den Ausgaben mit dem Cursor mehrere Zeilen nach unten wandern.

In FRAMEWORK können Sie die Überschriftszeilen fixieren, indem Sie den Cursor an die Stelle bewegen, bis zu der der Tabelleninhalt fixiert werden soll. Dann wählen Sie das Menü *Editieren* und darin den Punkt *'Fixieren von Spalten/Zeilen'*.

Aufbereitete FRAMEWORK III-Tabelle
Programm 59

Die mit Multiplan erfaßten Daten erscheinen in FRAMEWORK folgendermaßen auf dem Bildschirm, wenn Sie zuvor die Tabelle auf 30 Jahre erweitert und den Cursor bis zum unteren Rand der Tabelle geführt haben:

```
=[WACHSTUM2]=
     A   B        C          D         E          F          G       H
 1
 2   Reales und nominelles Wachstum eines Kapitals
 3
 4   Anfangskapital..: 20000,00 DM
 5   Zinsfuß.........:     7,0 Prozent
 6   Inflationsrate..:     3,2 Prozent
 7
 8   Ende    Kapital    Kapital    Zuwachs   Inflations- Inflations-
 9   Jahr    nominal    real       real      verlust     verlust >
10           DM         DM         DM        DM          Zuwachs real
28      18  67.598,65 39.136,53 19.136,53  28.462,11 *
29      19  72.330,55 40.623,72 20.623,72  31.706,83 *
30      20  77.393,69 42.167,42 22.167,42  35.226,27 *
31      21  82.811,25 43.769,79 23.769,79  39.041,46 *
32      22  88.608,03 45.433,04 25.433,04  43.175,00 *
33      23  94.810,60 47.159,49 27.159,49  47.651,10 *
34      24 101.447,34 48.951,55 28.951,55  52.495,79 *
35      25 108.548,65 50.811,71 30.811,71  57.736,94 *
36      26 116.147,06 52.742,56 32.742,56  63.404,50 *
37      27 124.277,35 54.746,77 34.746,77  69.530,58 *
38      28 132.976,77 56.827,15 36.827,15  76.149,61 *
39      29 142.285,14 58.986,58 38.986,58  83.298,56 *
40      30 152.245,10 61.228,07 41.228,07  91.017,03 *
41
```

Bild 4.2.D In FRAMEWORK aufbereitete Multiplan-Tabelle

Beschreibung der FRAMEWORK-Tabelle

Die Tabelle ist einschließlich der Zeile 10 fixiert.

Wie in Multiplan können Sie auch in FRAMEWORK Felder gegen Änderungen schützen. Dies bringt Ihnen allerdings in Multiplan einen Vorteil, den Sie in FRAMEWORK vermissen.

In Multiplan können Sie nicht geschützte Felder mit der Funktionstaste ⟨F2⟩ (bei älteren Versionen ⟨F5⟩) nacheinander anfahren. Bei den nicht geschützten Feldern handelt es sich i. d. R. um Eingabefelder. Sie haben damit in Multiplan eine Hilfe bei der Eingabe, falls Sie die Eingabefelder in einer vorgegebenen Reihenfolge nacheinander anfahren wollen. Wenn Sie allerdings nur einzelne Daten gezielt eingeben wollen, bringt Ihnen diese Hilfe wenig.

Programmgesteuerte Dateneingabe

Um auch in FRAMEWORK analog dem Verfahren mit der Taste ⟨F2⟩ von Multiplan Daten in der Reihenfolge einzugeben, wie sie nacheinander in der Tabelle stehen, benötigen Sie ein Programm. Dies bringt gegenüber dem Multiplan-Verfahren einen zusätzlichen Vorteil. Sie müssen die Felder nicht mit einer Taste anfahren, da dies vom Programm bewirkt wird, sondern nur noch die Eingaben editieren.

Außerdem enthält dieses Programm eine **Plausibilitätsprüfung.**

Schreiben Sie dazu folgendes Programm in den Formelhintergrund der **Tabelle WACHSTUM2:**

```
;Programmstart mit <F5>                                 1
§local(Fehler, Zahl),                                 ; 2
Fehler := #TRUE,                                      ; 3
§while(Fehler,                                        ; 4
     Zahl := §inputline("Anfangskapital"),           ; 5
     Fehler := §iserr(Zahl := §value(Zahl)),         ; 6
     §if(§not(Fehler),                               ; 7
       Fehler := §or(Zahl<0, Zahl>100000000)         ; 8
       )                                             ; 9
     ),                                              ;10
D4:=Zahl,                                            ;11
Fehler := #TRUE,                                     ;12
§while(Fehler,                                       ;13
     Zahl := §inputline("Zinsfuß"),                  ;14
     Fehler := §iserr(Zahl := §value(Zahl)),         ;15
     §if(§not(Fehler),                               ;16
       Fehler := §or(Zahl<2, Zahl>15)                ;17
       )                                             ;18
     ),                                              ;19
D5:=Zahl,                                            ;20
Fehler := #TRUE,                                     ;21
§while(Fehler,                                       ;22
     Zahl := §inputline("Inflationsrate"),           ;23
     Fehler := §iserr(Zahl := §value(Zahl)),         ;24
     §if(§not(Fehler),                               ;25
       Fehler := §or(Zahl<-2, Zahl>10)               ;26
       )                                             ;27
     ),                                              ;28
D6:=Zahl,                                            ;29
§setselection("A1"),§pk("{F5}{out}")                 ;30
```

Kommentar zur Codierung

In den Programmzeilen 3 bis 11 wird das Anfangskapital eingegeben, in den Zeilen 12 bis 20 der Zinsfuß und mit Zeilen 21 bis 29 die Inflationsrate.

Jede dieser drei Eingaben wird solange wiederholt, bis keiner der im Programm definierten Fehler mehr vorliegt. Zunächst muß die Eingabe numerisches Format aufweisen. Außerdem dürfen die numerischen Eingaben nicht außerhalb folgender Minimal- bzw. Maximalwerte liegen:

Wert	Minimalwert	Maximalwert
Anfangskapital	1	100.000.000
Zinsfuß	2	15
Inflationsrate	-2	10

Sie können das Programm mit der Taste <F5> aktivieren. Dazu werden Sie durch den Eintrag im linken Teil der Statuszeile aufgefordert, da Sie in die erste Programmzeile den entsprechenden Kommentar aufgenommen haben.

Die Funktion §not

Syntax: §not(Bezug)

Beispiel: §not(Fehler)

Die Funktion §not kehrt den logischen Wert des Bezugs in sein Gegenteil um

Dateneingabe ohne Programmsteuerung

Sie können die Dateneingabe aber auch ohne Programmsteuerung vornehmen. Dazu wählen Sie mit dem Cursor wie gewohnt die betreffenden Eingabezellen an und führen Ihre Eingaben durch.

Auch bei dieser Methode können Sie Eingabefehler verhindern, indem Sie die Eingabezellen mit dem Menü *Zahlen* und dem Punkt *'Auswahl des Eingabeformats'* mit dem Zahlenformat vorbelegen.

Eingabesteuerung mit der Taste <F2>

Wenn Sie die Eingabe so vornehmen wollen, wie dies in Multiplan mit der Taste <F2> erledigt werden kann, dann müssen Sie obiges Programm umbauen. Ein Muster dazu finden Sie im **Modell 31FILTER**.

Grafische Auswertung

Nach dieser Aufbereitung der Tabelle WACHSTUM2 nehmen Sie die Auswertung mit einer Liniengrafik vor.

Sie benötigen dazu eine Hilfstabelle, die in der ersten Zeile die Begriffe enthält, welche die FRAMEWORK-Grafik zur Bezeichnung der einzelnen Linien des Diagramms verwendet.

Diese Begriffe sollen auf der einen Seite sprechend sein, also genau ausdrücken, was gemeint ist. Auf der anderen Seite aber sollen sie nicht zu lang sein, da dies in der Grafik keinen guten Eindruck hinterläßt. Den Begriff 'Inflationsverlust' kürzen Sie z. B. ab in 'Infl.verlust'.

Kopieren Sie die Zahlen, ohne daß Formeln übertragen werden. Bestätigen Sie den Kopiervorgang daher nicht mit der <Return>- sondern mit der #-Taste. Formatieren Sie die Zahlen als Ganzzahlen.

Grafikhilfstabelle WACHSTAB

Diese Tabelle bekommt folgenden Inhalt :

	A	B	C	D	E
1	Jahr	Kapital nom.	Kapital real	Zuwachs real	Infl.verlust
2	1	21.400	20.760	760	640
3	2	22.898	21.549	1.549	1.349
4	3	24.501	22.368	2.368	2.133
5	4	26.216	23.218	3.218	2.998
6	5	28.051	24.100	4.100	3.951
7	6	30.015	25.016	5.016	4.999
8	7	32.116	25.966	5.966	6.149
9	8	34.364	26.953	6.953	7.411
10	9	36.769	27.977	7.977	8.792
11	10	39.343	29.040	9.040	10.303
12	11	42.097	30.144	10.144	11.953
13	12	45.044	31.289	11.289	13.754
14	13	48.197	32.478	12.478	15.718
15	14	51.571	33.713	13.713	17.858
16	15	55.181	34.994	14.994	20.187

Bild 4.2.E Grafik-Hilfstabelle WACHSTAB

Grafik WACHSGRAF

Lassen Sie in den **Frame WACHSGRAF** die nominelle und die reale Entwicklung des Kapitals mit markierten Linien für die Jahre 1 bis 15 einzeichnen. Dabei beschriftet die erste Spalte der Tabelle WACHSTAB die X-Achse.

Beschriften Sie durch Eingaben in die @DrawGraph-Formel die X-Achse mit dem Text 'Anlagejahr', die Y-Achse mit 'DM' und lassen Sie folgende Überschrift ausgeben: 'Nominelles und reales Wachstum eines Kapitals'.

Sie erhalten die **Grafik WACHSGRAF**:

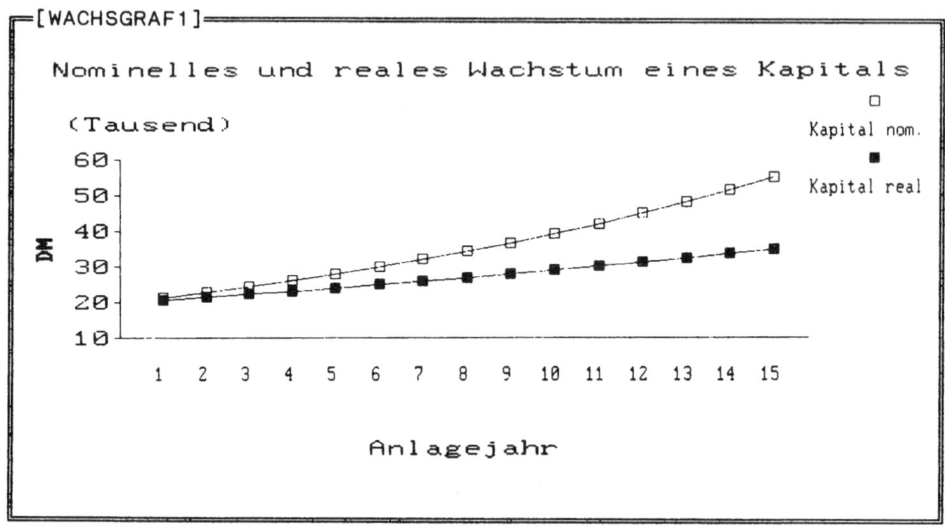

Bild 4.2.F WACHSGRAF

Die Formel auf dem Formelhintergrund von WACHSGRAF lautet:

```
@DrawGraph(WACHSTAB.B2:WACHSTAB.C16,#COLUMN,#LINE,
 "Nominelles und reales Wachstum eines Kapitals","Anlagejahr","DM")
```

Testreihe zur Übertragung nach Multiplan

Um festzustellen, wie gut die Übertragung von FRAMEWORK nach
Multiplan klappt, wurden die drei ersten Modelle von Band I der
FRAMEWORK-Praxis konvertiert.

Test 1 mit Modell 01ANGVGL

Die **Anwendung 01ANGVGL** wurde über das Menü *Laufwerk* und den Punkt
'Schreiben von Fremdformatdateien' in 01ANGVGL.SYL, also in das SYLK-Format,
transferiert. Das Suffix '.SYL' für SYLK (symbolisch) wurde von FRAMEWORK angefügt. Die Übertragung lief ohne Fehlermeldung ab. Das Ergebnis entspricht inhaltlich der Ursprungstabelle. Lediglich bei der Darstellung der Rahmen in Mul-

tiplan 4.01 gab es ein leichtes Defizit. In FRAMEWORK können Sie von einer Spalte aus eine Linie zeichnen, die dann automatisch in Spalten hineinreicht, welche sich nach rechts anschließen. Genauso können Sie mehrspaltige Texte eingeben.

Solche waagrechte Linien bzw. Texte wurden in Multiplan 4.01 nicht in allen Spalten dargestellt. Diese Lücken konnten in Multiplan ohne viel Aufwand durch eine Nachformatierung über die Menüpunkte

```
Format Felder Formatcode: @[Zusammen]
```

geschlossen werden.

Die in FRAMEWORK in Fettschrift ausgegebenen Texte wurden in Multiplan 4.01 in Normalschrift dargestellt.

Test 2 mit Modell O2OPTB

Aus **O2OPTB** wurde die Tabelle OPTBTAB.FW3 in das Multiplan-SYLK-Format konvertiert.

In der Zelle F13 enthält diese FRAMEWORK-Tabelle die Formel:

```
§if(E13=D$7,"Optimum", "  ")
```

Bei der Übertragung erschien auf dem Bildschirm die Fehlermeldung im **Frame SYLKMSGS:**

```
Fehler in Zelle F13:", "  ")
§if(E13=D$7,"Optimum", "  ")
    D$7 \** Zeilen- und Spaltenbezüge müssen gleichen Typs sein
```

Dieselbe Fehlermeldung trat bei den übrigen Zeilen derselben Spalte auf, in welche diese Formel kopiert worden war. Sonst ergab sich bei der Übertragung keine Fehlermeldung.

Entsprechend der Fehlermeldung im Frame SYLKMSGS wurden die Formeln zur Darstellung des Wortes *'Optimum'* in der Spalte F in FRAMEWORK bzw. in der Splate 6 in Multiplan nicht übersetzt.

Vor einer zweiten Übertragung wurde die Formel in der FRAMEWORK-Tabelle in Zelle F13 abgeändert in: §if(E13=D7,"Optimum", " "). Sowohl die Spalte D, als auch die Zeile 7 sind absolut adressiert, sodaß die Beanstandung unterschiedlicher Formatierung von Spalten- und Zeilenbezügen bei der Übertragung behoben war.

FRAMEWORK generierte nun folgende korrekte Multiplan-Formel:

```
WENN(ZS(-1) = Z7S4;"Optimum";" ")
```

Test 3 mit Modell O3LAGERZ

Aus dem Modell O3LAGERZ wurde die Tabelle LAGERTAB ohne Fehlermeldung konvertiert.

Auch hier mußte über die Menüpunkte *'Format'*, *'Felder Formatcode:@[Zusammen]'* nachformatiert werden.

Zusammenfassung der Textergebnisse

> Sie können FRAMEWORK-Tabellen automatisch nach Multiplan konvertieren. Allerdings müssen Sie u. U. einzelne Stellen nachformatieren.

> Bei Formeln in FRAMEWORK ist zu beachten, daß Zeilen- und Spaltenbezüge in einer Formel vom gleichen Typ sein müssen, daß also jeweils beide Bezüge entweder absolut oder aber relativ sind.

4.3 dBASE

Datei: 33DB

VERKAUF.DBF

WOCHE390.DBF

Programm ü bersicht

Programm-Nummer	Programm-Name	Problemstellung
60	KOPDBTB1	Kopie aus einer Datenbank in eine Tabelle mit einem vorgegebenen Dateinamen
61	KOPDBTB2	Kopie aus einer Datenbank in eine Tabelle mit einem frei wählbaren Dateinamen
62	VKANALYS	Programmauswahl über die Nachrichtenzeile
63	ANALYSP1	Verkaufsanalyse nach Artikeln
64	ANALYSP2	Verkaufsanalyse nach Vertretern

Da **dBASE** weit verbreitet ist, liegt eine enorme Anzahl von Datenbanken in diesem System vor.

Diese können in *dBASE* selbst durch **Programme** und **Berichte** ausgewertet werden. Allerdings enthält *dBASE* weder ein Grafik- noch ein Tabellenkalkulations-Modul.

Hier kann FRAMEWORK Abhilfe schaffen. Bei der Auswertung von dBASE-Datenbanken leistet FRAMEWORK nützliche Dienste. Es ermöglicht schnelles Sortieren und Suchen, sowie einfaches Filtern

Wo Formeln und Makros in der FRAMEWORK-Datenbank für Ihre Problemstellung nicht ausreichen, können Sie die Datenbank manuell oder durch ein Programm vollständig oder nach bestimmten Kriterien in eine **Tabelle** übertragen und dort auswerten.

Schreiben Sie mit dem FRAMEWORK-**Textsystem** Kommentare und Berichte.

Im **Konzept** können Sie Ihre Ausarbeitungen, Analysen, Planungen übersichtlich erstellen und archivieren.

Von wesentlicher Bedeutung für den Einsatz von FRAMEWORK zur Auswertung von dBASE-Datenbanken ist jedoch, daß das Verfahren nicht zu aufwendig ist, mit dem dBASE-Dateien in FRAMEWORK eingelesen werden.

Hier werden Sie feststellen, daß sich der Datentransfer von dBASE zu FRAMEWORK äußerst einfach durchführen läßt.

FRAMEWORK führt den **Datentransfer in zwei Schritten** durch. Zunächst wird die dBASE-Datenbankstruktur eingelesen. Danach werden die Datensätze mit der Funktionstaste <F5> je nach Wunsch des Anwenders vollständig oder selektiv eingelesen.

Diese Selektion beim Einlesen von Sätzen aus dBASE ist wichtig, weil FRAMEWORK sämtliche Datensätze einer in Bearbeitung befindlichen Datei im Hauptspeicher hält, wodurch sich Probleme mit der Speicherkapazität ergeben können.

Der Weg des Datentransfers ist nicht nur von dBASE nach FRAMEWORK sondern auch in der umgekehrten Richtung möglich. Nach der menügesteuerten Umwandlung einer FRAMEWORK-Datenbank in eine dBASE-Datenbank lassen Sie mit dem Befehl LIST STRU eine übersichtliche Darstellung der Datenbankstruktur - wenn auch mit gewissen Restriktionen - ausgeben.

dBASE-Datenbank VERKAUF.DBF

Sie finden auf der Anwendungsdiskette die dBASE-Datenbank VER-KAUF.DBF.

Diese Datenbank kann während der Fakturierung für den Anwender unbemerkt im Hintergrund erstellt werden.

Ihre Sätze bestehen aus Feldinhalten der Postenzeilen und weiteren Angaben.

Die Datei VERKAUF.DBF läßt sich sowohl mit dBASE III als auch mit dBASE IV bearbeiten.

Datenbankstruktur

Die Datenbankstruktur wird mit dBASE III plus wie folgt angezeigt:

```
Datensatzformat der dB-Datei: A:VERKAUF.DBF
Anzahl der Datensätze:        44
Datum der letzten Aktualisierung: 11.05.90
Feld    Feldname    Typ         Länge    Dez
   1    ANR         Numerisch      3
   2    ARTBEZEICH  Zeichen       19
   3    MENGE       Numerisch      3
   4    VKPREIS     Numerisch      6        2
   5    VTNAME      Zeichen        6
   6    PLZ         Numerisch      4
   7    ORT         Zeichen       10
   8    KDNR        Numerisch      5
   9    VKDATUM     Datum          8
** Gesamt **                     65
```

Bild 4.3.A dBASE-Datenbankstruktur

<table>
<tr><td colspan="2">Die Feldnamen haben folgende Bedeutung:</td></tr>
<tr><td>ANR</td><td>Artikelnummer</td></tr>
<tr><td>ARTBEZEICH</td><td>Artikelbezeichnung</td></tr>
<tr><td>MENGE</td><td>Menge</td></tr>
<tr><td>VKPREIS</td><td>Verkaufspreis</td></tr>
<tr><td>VTNAME</td><td>Vertretername</td></tr>
<tr><td>PLZ</td><td>Postleitzahl</td></tr>
<tr><td>ORT</td><td>Ort</td></tr>
<tr><td>KDNR</td><td>Kundennummer</td></tr>
<tr><td>VKDATUM</td><td>Verkaufsdatum</td></tr>
</table>

VERKAUF.DBF im dBASE-BROWSE-Modus

Damit die Daten übersichtlich dargestellt werden, wurden Sie in dBASE IV im BROWSE-Modus ausgegeben. Dabei zeigt die erste Bildschirmmaske folgende Daten:

ANR	ARTBEZEICH	MENGE	VKPREIS	VTNAME	PLZ	ORT	KDNR	VKDATUM
115	Moselwein Reblaus	20	6,20	Maier	7000	Stuttgart	10000	08.01.90
113	Rheinwein Loreley	100	4,80	Weber	1000	Berlin	10100	08.01.90
113	Rheinwein Loreley	200	4,80	Laub	6000	Frankfurt	12000	08.01.90
201	Sekt Superb	50	14,20	Maier	7000	Stuttgart	11000	08.01.90
202	Span. Tafelsekt	100	6,50	Laub	8000	München	15100	09.01.90
112	Korber Kopf	200	5,20	Weber	4300	Essen	42700	09.01.90
121	Rotwein Maroc	300	4,60	Laub	8900	Augsburg	54401	09.01.90
202	Span. Tafelsekt	300	6,50	Weber	5000	Köln	70111	09.01.90
111	Katzenbeißer Kerner	150	5,40	Maier	6800	Mannheim	68731	10.01.90
112	Korber Kopf	300	5,20	Weber	1000	Berlin	54323	10.01.90
115	Moselwein Reblaus	100	6,20	Maier	6800	Mannheim	78932	10.01.90
122	Vin de l'Aude	300	3,90	Weber	5100	Aachen	43523	11.01.90
201	Sekt Superb	100	14,20	Laub	8000	München	83451	11.01.90
112	Korber Kopf	150	5,20	Maier	7968	Saulgau	77662	11.01.90
202	Span. Tafelsekt	400	6,50	Weber	4600	Dortmund	77118	11.01.90
113	Rheinwein Loreley	200	4,80	Maier	7900	Ulm	78878	11.01.90
111	Katzenbeißer Kerner	250	5,40	Laub	8500	Nürnberg	88667	12.01.90

Bild 4.3.B Erste Bildschirmmaske der dBASE-Datenbank VERKAUF

Selektive bzw. vollständige Übernahme der dBASE-Daten

Sie können die dBASE-Datei vollständig oder teilweise übernehmen. Dabei können Sie einen Teil der Sätze oder einen Teil der Felder oder beides zusammen weglassen.

Bei Ihrer Entscheidung sollten Sie folgende Fakten berücksichtigen:

Daten im Hauptspeicher

dBASE-Daten werden von dBASE während der Bearbeitung nach
Bedarf immer wieder automatisch gespeichert. Nur eine Anzahl jeweils benötigter Daten wird im Hauptspeicher gehalten.

Eine FRAMEWORK-Datei wird dagegen **ganz im Hauptspeicher** geführt. Dadurch kann sich in FRAMEWORK ein sehr großer Bedarf
an Hauptspeicherkapazität ergeben, es sei denn, Sie haben bei der
Installation mit SETUPFW eine laufwerksbezogene Speichererweiterung (virtueller Speicher) vorgenommen.

Neben der Speicherproblematik erwächst aus dieser Eigenart von
FRAMEWORK auch ein **Sicherheitsproblem.** Häufiges Zwischenspei-
chern - ob manuell oder programmgesteuert - verhindert, daß
vergebliche Arbeit geleistet wurde.

Der Vorteil des Vorgehens von FRAMEWORK im Gegensatz zu dBASE
liegt klar auf der Hand: Bei einer Software, welche die komplette
Datei im Hauptspeicher hält, wird das Bearbeiten mit hoher **Ge-
schwindigkeit** möglich. Das können Sie ganz leicht beim Sortieren
einer FRAMEWORK-Datenbank feststellen.

Angesichts der Entwicklung des Systems PS/2 und ähnlicher Sy-
steme, welche die 640 KB-Grenze überwinden und die Leistungsfä-
higkeit moderner Prozessoren auszureizen verstehen, dürfte das
Konzept von FRAMEWORK erheblich an Bedeutung gewinnen.

Hoher Speicherbedarf einer FRAMEWORK-Datenbank

Nicht nur das Konzept der internen Speicherhaltung der Datenbank wirft Probleme auf.

Vergleichen Sie den Speicherbedarf der entspechenden dBASE-Datenbank mit der FRAMEWORK-Datenbank, stellen Sie fest, daß letz-
tere wesentlich mehr Platz auf einem magnetischen Datenträger
belegt. Im Laufwerkverzeichnis wird der Speicherbedarf für die
dBASE-Datei VERKAUF.DBF auf der Diskette mit 4 KB angegeben.

Die FRAMEWORK-Datenbank, in welche die Sätze dieser dBASE-Datei eingelesen worden sind, wird im Laufwerkverzeichnis mit 24 KB ausgewiesen. Dies ist das sechsfache.

Sie werden schnell an die 640-KB-Grenze stoßen, wenn Sie dBASE-Dateien nicht selektiv einlesen, bzw. wenn Sie nicht einen erweiterten Speicher einsetzen, der Ihnen hilft, die 640-KB-Grenze zu überwinden.

dBASE-Daten in FRAMEWORK

Sie werten die **dBASE-Datenbank VERKAUF.DBF** mit dem **Konzept 33DB** aus. Es weist folgende Gliederung auf der Ebene 1 auf:

```
─[33DB]════════════════════════════════════════════════
  1   VERKAUF
  2   VKSELEKT
  3   FILTERFORMELN
  4   VKANALYS
```

Bild 4.3.C Konzeptstruktur auf der Ebene 1

Komplette Übernahme der dBASE-Datenbank nach FRAMEWORK

Laden Sie die Datenbank VERKAUF.DBF.

Dazu gibt es **drei Verfahren:**

1. Sie laden die dBASE-Datenbank wie eine FRAMEWORK-Datenbank über den Laufwerkstapel.

2. Sie können über das Menü *Laufwerk* den Punkt *'Holen des Dokuments'* anwählen. Vergessen Sie nicht, bei der Eingabe des Dateinamens die Kennung '.DBF' anzufügen. Wenn Sie diese Kennung weglassen, versucht FRAMEWORK die Datei VERKAUF.FW3 zu laden.

3. Sie wählen das Menü *Laufwerk*, hier den Punkt *'Lesen von Fremdformatdateien'* und dann den Punkt *'B. dBASE'*. Auch hier müssen Sie die Kennung '.dbf' angeben.

Einlesen der Datenbankstruktur

Durch den Ladevorgang hat FRAMEWORK die Datenbankstruktur eingelesen. Die Satzstruktur der Datenfelder (Attribute) wird im **Datenbankframe VERKAUF.FW3** wie folgt dargestellt:

```
ANR  ARTBEZEICH  MENGE  VKPREIS  VTNAME PLZ ORT  KDNR  VKDATUM
```

Die Datenbank enthält noch keine Nutzdaten sondern nur die Attribute. Im Formelhintergrund des **Frames VERKAUF.DBF** hat FRAMEWORK jedoch folgende Filterformel eingetragen:

```
@DBASEFILTER("A:\VERKAUF.DBF",#TRUE,1,44)
```

Funktion §dbasefilter

Syntax: §dbasefilter("Laufwerk:\Dateiname,Bedingung,Start,Ende)
Beispiel: @DBASEFILTER("A:\VERKAUF.DBF", #TRUE, 1, 44)

Die Bedingung ist ein Ausdruck: #TRUE steht für die Übernahme eines Datensatzes, #FALSE bedeutet, daß der Datensatz nicht übernommen werden soll.

Start bedeutet die Nummer des ersten, Ende die Nummer des letzten zu übertragenden Datensatzes. Die Angabe von Start und Ende ist optional.

Einlesen der dBASE-Daten

Setzen Sie das Einlesen der Nutzdaten der Datenbank VERKAUF.DBF mit der Taste <F5> in Aktion.

Aus dem A>-Laufwerk werden sämtliche 44 Sätze dieser Datei eingelesen.

FRAMEWORK-Datenbank VERKAUF.FW3

Sie erhalten die **Datei VERKAUF.FW3** mit folgender Datenbank-Darstellung:

```
[VERKAUF]
```

ANR	ARTBEZEICH	MENGE	VKPREIS	VTNAME	PLZ	ORT	KDNR	VKDATUM
115	Moselwein Reblaus	20	6,20	Maier	7000	Stuttgart	10000	19900108
113	Rheinwein Loreley	100	4,80	Weber	1000	Berlin	10100	19900108
113	Rheinwein Loreley	200	4,80	Laub	6000	Frankfurt	12000	19900108
201	Sekt Superb	50	14,20	Maier	7000	Stuttgart	11000	19900108
202	Span. Tafelsekt	100	6,50	Laub	8000	München	15100	19900109
112	Korber Kopf	200	5,20	Weber	4300	Essen	42700	19900109
121	Rotwein Maroc	300	4,60	Laub	8900	Augsburg	54401	19900109
202	Span. Tafelsekt	300	6,50	Weber	5000	Köln	70111	19900109
111	Katzenbeißer Kerner	150	5,40	Maier	6800	Mannheim	68731	19900110
112	Korber Kopf	300	5,20	Weber	1000	Berlin	54323	19900110
115	Moselwein Reblaus	100	6,20	Maier	6800	Mannheim	78932	19900110
122	Vin de l'Aude	300	3,90	Weber	5100	Aachen	43523	19900111
201	Sekt Superb	100	14,20	Laub	8000	München	83451	19900111
112	Korber Kopf	150	5,20	Maier	7968	Saulgau	77662	19900111
202	Span. Tafelsekt	400	6,50	Weber	4600	Dortmund	77118	19900111
113	Rheinwein Loreley	200	4,80	Maier	7900	Ulm	78878	19900111
111	Katzenbeißer Kerner	250	5,40	Laub	8500	Nürnberg	88667	19900112
113	Rheinwein Loreley	200	4,80	Maier	6800	Mannheim	76767	19900112
112	Korber Kopf	100	5,20	Maier	7000	Stuttgart	77711	19900112
122	Vin de l'Aude	200	3,90	Laub	8000	München	88876	19900112
115	Moselwein Reblaus	400	6,20	Laub	8390	Passau	83122	19900115
115	Moselwein Reblaus	200	6,20	Weber	5000	Köln	50011	19900116
201	Sekt Superb	500	14,20	Weber	1000	Berlin	10321	19900117
112	Korber Kopf	800	5,20	Maier	7500	Karlsruhe	75432	19900118
111	Katzenbeißer Kerner	300	5,40	Laub	6000	Frankfurt	60323	19900118
122	Vin de l'Aude	250	3,90	Laub	8000	München	88876	19900122
121	Rotwein Maroc	200	4,60	Maier	6500	Mainz	65088	19900123
122	Vin de l'Aude	650	3,90	Laub	8900	Augsburg	54401	19900124
113	Rheinwein Loreley	800	4,80	Weber	4300	Essen	43321	19900125
202	Span. Tafelsekt	300	6,50	Laub	8000	München	89543	19900126
111	Katzenbeißer Kerner	400	5,40	Weber	1000	Berlin	10321	19900129
115	Moselwein Reblaus	250	6,20	Laub	8500	Nürnberg	85434	19900130
112	Korber Kopf	300	5,20	Maier	7000	Stuttgart	70868	19900131
112	Korber Kopf	450	5,20	Laub	8000	München	89543	19900131
111	Katzenbeißer Kerner	540	5,40	Maier	7968	Saulgau	79686	19900116
122	Vin de l'Aude	300	3,90	Weber	5000	Köln	70111	19900117
201	Sekt Superb	250	14,20	Weber	4600	Dortmund	46012	19900118
202	Span. Tafelsekt	900	6,50	Weber	5000	Köln	70112	19900123
113	Rheinwein Loreley	300	4,80	Laub	6000	Frankfurt	60444	19900124
112	Korber Kopf	200	5,20	Maier	7300	Esslingen	73456	19900126
113	Rheinwein Loreley	50	4,80	Maier	7900	Ulm	79988	19900124
121	Rotwein Maroc	20	4,60	Laub	8182	Bad Wiess.	81312	19900125
202	Span. Tafelsekt	200	6,50	Weber	1000	Berlin	10555	19900126
115	Moselwein Reblaus	100	6,20	Laub	8000	München	80686	19900125

Bild 4.3.D Datei VERKAUF in FRAMEWORK

Das Datum in dBASE und FRAMEWORK

Hier fällt insbesondere die Schreibweise des Datums auf. Das jeweilige Verkaufsdatum wurde in dBASE im Datumsformat eingegeben. Es wird von FRAMEWORK automatisch in das FRAMEWORK-Datumsformat umgewandelt. Dies hat die Form: *Jahr Monat Tag.* Es kann u. a. mit der Funktion §date bearbeitet werden. Leider erfolgt die Umwandlung nicht in die Form *Tag Monat Jahr,* welche bei einer Eingabe in FRAMEWORK nach Vorwahl des Datumsformats möglich ist.

Selektive Übernahme der dBASE-Datenbank nach FRAMEWORK

Es gibt verschiedene Möglichkeiten, die Quelldatei bei der Übernahme zu verändern.

1. Sie verzichten auf einen Teil der Datenfelder der Quelldatei.

2. Sie bringen die Datenfelder in eine andere Reihenfolge.

3. Sie lassen nur solche Datensätze übertragen, welche einem bestimmten Kriterium genügen, z. B. nur Datensätze aus der zweiten Januarwoche.

4. Schließlich können Sie die drei vorstehenden Möglichkeiten miteinander kombinieren.

Die folgenden Anwendungen finden Sie auf der Anwendungsdiskette in der **Anwendung 33DB** im **Teilkonzept VKSELEKT.**

```
┌─[VKSELEKT]═══════════════════════════════════
│      2.1    FELDTEIL
│      2.2    UMSATZ
│      2.3    VKGRAF
│      2.4    SATZTEIL
│      2.5    WOCHE290
│      2.6    WOCHE390
│      2.7    KOPDBTB1
│      2.8    KOPDBTB2
│
└──────────────────────────────────────────────
```

Bild 4.3.E Teilstruktur VKSELEKT

In der **Datenbank FELDTEIL** lesen Sie nur die Inhalte eines **Teils** der Felder der dBASE-Datenbank VERKAUF ein. In der **Datenbank UM-**

SATZ ändern Sie die Reihenfolge der Felder und fügen das Feld *UMSATZ* an. Diese Datenbank werten Sie mit der Grafik VKGRAF aus.

Danach lesen Sie die Daten der zweiten bzw. der dritten Woche im Jahr 1990 ein. Schließlich erstellen Sie zwei Programme, um die Wochendaten von der FRAMEWORK-Datenbank in eine FRAMEWORK-Tabelle zu kopieren.

Einlesen eines Teils der Feldinhalte

Laden Sie die Datei VERKAUF.DBF. Auf dem Bildschirm erscheint die Dateistruktur.

```
┌─[VERKAUF]════════════════════════════════════════════════════════╗
║  ANR  ARTBEZEICH    MENGE VKPREIS VTNAME  PLZ   ORT    KDNR  VKDATUM ║
║ ═════════════════════════════════════════════════════════════════ ║
║                                                                    ║
║                                                                    ║
└────────────────────────────────────────────────────────────────────┘
```

Entfernen Sie über das Menü und den Punkt *Editieren 'Spalten entfernen'* die Spalten *VTNAME* bis *VKDATUM*.

Starten Sie die Datenübertragung mit ⟨F5⟩. Der Cursor muß sich dabei auf dem Rand, also außerhalb des Frames, befinden. Ändern Sie den Dateinamen VERKAUF in FELDTEIL ab. Sie erhalten in FRAME-WORK folgende Daten:

```
┌─[FELDTEIL]═══════════════════════════════════════════════════════╗
║  ANR  ARTBEZEICH            MENGE   VKPREIS                        ║
║ ═════════════════════════════════════════════════════════════════ ║
║  115 Moselwein Reblaus        20      6,20                         ║
║  113 Rheinwein Loreley       100      4,80                         ║
║  113 Rheinwein Loreley       200      4,80                         ║
║  201 Sekt Superb              50     14,20                         ║
║  202 Span. Tafelsekt         100      6,50                         ║
║  usw.                                                              ║
║                                                                    ║
└────────────────────────────────────────────────────────────────────┘
```

Bild 4.3.F FELDTEIL mit den Inhalten einzelner Felder

Übertragung der Datei mit geänderter Reihenfolge der Felder

Sie wollen mit einer Balkengrafik alle Verkäufe darstellen, bei denen jeweils mehr als 3.000,-- DM umgesetzt werden.

Laden Sie die **Datei VERKAUF.DBF**. Auf dem Bildschirm erscheint die Dateistruktur.

Die Inhalte der Felder Vertretername, Postleitzahl, Ort und Verkaufsdatum benötigen Sie nicht. Löschen Sie deshalb die Felder mit den Namen VTNAME, PLZ, ORT und VKDATUM physikalisch.

Für die grafische Auswertung benötigen Sie in der ersten Spalte die Artikelbezeichnung, da FRAMEWORK die dort aufgeführten Begriffe zur Erläuterung der Balkengrafik verwendet, wenn die erste Zeile die X-Achse beschriftet.

Übertragen Sie deshalb mit ⟨F7⟩ den Feldnamen *ARTBEZEICH* in die **erste** Spalte also auf ANR. Dadurch verschwindet dort der Feldname *ANR*. In die zweiten Spalte schreiben Sie den Feldnamen *ANR*. Passen Sie die Breite der Spalten an die geänderte Reihenfolge der Felder mit ⟨F4⟩ an.

Bewegen Sie den Cursor auf den Rand des Frames und starten Sie die Datenübertragung mit ⟨F5⟩. Es werden sämtliche 44 Datensätze eingelesen.

Fügen Sie eine Spalte am rechten Rand an die Datei an. Geben Sie ihr den **Feldnamen *UMSATZ*** In den Formelhintergrund **dieses Feldnamens** geben Sie die Formel ein:

```
UMSATZ := MENGE * VKPREIS
```

Stellen Sie den Cursor auf den Feldnamen *UMSATZ* und starten Sie die Umsatzberechnung mit ⟨F5⟩.

Löschen Sie die Filterformel auf dem Rand des Frames, welche die Datenübertragung gesteuert hat und tragen Sie dort als **neue Filterformel** ein:

```
UMSATZ > 3000
```

Starten Sie die Selektion mit der Taste ⟨F5⟩. Sortieren Sie die Datei aufsteigend nach der Artikelbezeichnung und ändern Sie den Namen der Datenbank VERKAUF ab in UMSATZ.

Sie erhalten folgendes Ergebnis:

```
┌─[UMSATZ]══════════════════════════════════════════════════
│ ARTBEZEICH         ANR  MENGE VKPREIS  ORT        KDNR   UMSATZ
├───────────────────────────────────────────────────────────
│ Korber Kopf        112   800    5,20 Karlsruhe 75432 4.160,00 DM
│ Rheinwein Loreley  113   800    4,80 Essen     43321 3.840,00 DM
│ Sekt Superb        201   500   14,20 Berlin    10321 7.100,00 DM
│ Sekt Superb        201   250   14,20 Dortmund  46012 3.550,00 DM
│ Span. Tafelsekt    202   900    6,50 Köln      70112 5.850,00 DM
└───────────────────────────────────────────────────────────
```

Bild 4.3.G Umsätze > 3.000,- DM

Die Grafik VKGRAF

Auf der Anwendungsdiskette finden Sie auch die grafische Auswertung im **Teilkonzept VKSELEKT** unter dem Namen **VKGRAF**.

Es handelt sich um folgende Balkengrafik:

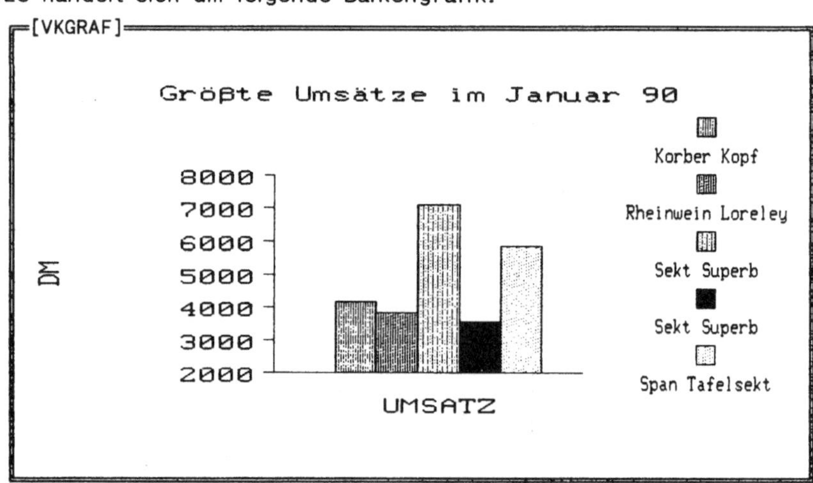

Bild 4.3.H Balkengrafik mit Umsätzen > 3.000,- DM

Sie erkennen deutlich, daß die größten Umsätze mit Sekt zustande kamen.

Selektion der zu übertragenden Datensätze

Lassen Sie nur die Verkaufsdaten von Sekt einlesen. Die beiden Sektarten haben die Artikelnummer 201 und 202.

Die Inhalte der Felder Postleitzahl, Ort und Verkaufsdatum interessieren Sie gegenwärtig nicht. Auf die Inhalte des Feldes Artikelbezeichnung können Sie ebenfalls verzichten, da Sie nur zwei verschiedene Sektsorten führen.

Sie wollen jedoch zusätzlich den **Umsatz** bei jedem Verkauf berechnen lassen:

- Laden Sie die Dateistruktur der Datenbank VERKAUF.DBF
- Entfernen Sie aus der Dateistruktur die Felder *ARTBEZEICH, PLZ, ORT* und *VKDATUM.*
- Fügen Sie das Feld *UMSATZ* an und geben Sie in den Formelhintergrund dieses Feldes die Formel ein:

```
UMSATZ := MENGE * VKPREIS
```

FRAMEWORK hat in den Formelhintergrund der Datenbank VERKAUF.FW3 folgende Filterformel eingetragen:

```
@DBASEFILTER("A:\VERKAUF.DBF",#TRUE,1,44)
```

Ändern Sie die Filterformel ab, sodaß sie folgenden Inhalt bekommt:

```
@DBASEFILTER("A:\VERKAUF.DBF",ANR > 199)
```

Sie lesen nur die Sätze ein, deren Artikelnummer größer als 199 ist, also die **beiden Sektarten.**

Starten Sie die Datenübertragung mit der Taste ⟨F5⟩.

Lassen Sie anschließend den Umsatz berechnen, indem Sie den Cursor auf den Feldnamen *UMSATZ* stellen und die Taste ⟨F5⟩ drücken.

Sortieren Sie zunächst aufsteigend nach dem Feld *ANR*, danach aufsteigend nach dem Feld *VTNAME.* Damit bildet der Vertretername das primäre und die Artikelnummer das sekundäre Sortiermerkmal.

Ändern Sie den Namen der Datenbank ab in SATZTEIL. Sie erhalten
folgende Ausgabe:

```
┌─[SATZTEIL]══════════════════════════════════════════════╗
║ ANR MENGE VKPREIS VTNAME   KDNR     UMSATZ               ║
║ ════════════════════════════════════════════════════════║
║ 201   100   14,20  Laub     83451  1.420,00 DM           ║
║ 202   100    6,50  Laub     15100    650,00 DM           ║
║ 202   300    6,50  Laub     89543  1.950,00 DM           ║
║ 201    50   14,20  Maier    11000    710,00 DM           ║
║ 201   500   14,20  Weber    10321  7.100,00 DM           ║
║ 201   250   14,20  Weber    46012  3.550,00 DM           ║
║ 202   300    6,50  Weber    70111  1.950,00 DM           ║
║ 202   400    6,50  Weber    77118  2.600,00 DM           ║
║ 202   900    6,50  Weber    70112  5.850,00 DM           ║
║ 202   200    6,50  Weber    10555  1.300,00 DM           ║
╚═════════════════════════════════════════════════════════╝
```

Bild 2.3.I Verkauf von Sekt nach VTNAME und ANR sortiert

Weinverkauf in der zweiten Januarwoche

Statt nach der Artikelnummer können Sie die Auswahl der
einzulesenden Sätze auch nach einem zeitlichen Kriterium
durchführen.

Sie ermitteln die Verkäufe in der zweiten Januarwoche. In der ersten
Januarwoche fand wegen des Betriebsurlaubs kein Verkauf statt.

Die Angaben zur Postleitzahl, zum Ort und zur Kundennummer benötigen Sie nicht.

Laden Sie die **Datei VERKAUF.DBF** und löschen Sie in der FRAME-
WORK-Dateistruktur die Felder PLZ, ORT und KDNR physikalisch.

Für die Auswahl der Daten verwenden Sie folgende Filterformel:

```
@DBASEFILTER("A:\VERKAUF.DBF", §and(VKDATUM >=
        §date(1990,01,8),VKDATUM<=§date(1990,01,13),ANR<200))
```

Der Übersichtlichkeit wegen ist die Formel hier auf zwei Zeilen aufgeteilt. In der eigentlichen Filterformel verwenden Sie nur eine einzige Zeile. Filterformeln können bis zu 255 Stellen lang sein.

Es müssen **drei Bedingungen** wahr sein, damit die gewünschten Daten
eingelesen werden:

1. Das Verkaufsdatum muß größer oder gleich sein wie der 8.1.90. Am 8.1.90 beginnt die zweite Januar-Woche.

2. Das Verkaufsdatum muß kleiner oder gleich sein wie der 13.1.90. Der Verkauf in der zweiten Januar-Woche endet am Samstag, den 13.1.90.

3. Die Artikelnummer muß kleiner als 200 sein, da hier nur der Verkauf von Wein untersucht wird.

Sortieren Sie die Datenbank aufsteigend zunächst nach der **Artikelnummer**, danach nach dem **Verkaufsdatum**.

Lassen Sie den Umsatz berechnen, wie bereits beschrieben.

Nach der Namensänderung von VERKAUF in **WOCHE290** erhalten Sie:

```
┌─[WOCHE290]════════════════════════════════════════════════════╗
│ ANR ARTBEZEICH          MENGE  VKPREIS  VTNAME   VKDATUM  UMSATZ │
│ 113 Rheinwein Loreley    100    4,80    Weber   19900108  480,00 │
│ 113 Rheinwein Loreley    200    4,80    Laub    19900108  960,00 │
│ 115 Moselwein Reblaus     20    6,20    Maier   19900108  124,00 │
│ 121 Rotwein Maroc        300    4,60    Laub    19900109 1380,00 │
│ 112 Korber Kopf          200    5,20    Weber   19900109 1040,00 │
│ 112 Korber Kopf          300    5,20    Weber   19900110 1560,00 │
│ 111 Katzenbeißer Kerner  150    5,40    Maier   19900110  810,00 │
│  .                                                              │
│  .                                                              │
│  .                                                              │
│ 112 Korber Kopf          100    5,20    Maier   19900112  520,00 │
│ 111 Katzenbeißer Kerner  250    5,40    Laub    19900112 1350,00 │
│ 122 Vin de l'Aude        200    3,90    Laub    19900112  780,00 │
└────────────────────────────────────────────────────────────────┘
```

Bild 4.3.J Weinverkauf in der zweiten Januarwoche

Weinverkauf in der dritten Januarwoche

Wenn Sie den Verkaufsdaten Ihrer Weinsorten in der zweiten Januarwoche die entsprechenden Daten der dritten Januarwoche gegenüberstellen wollen, müssen Sie aus der Datei **VERKAUF.DBF** den Frame WOCHE390 erstellen.

Der **Selektionsteil** der Filterformel lautet dazu:

```
§and(VKDATUM>=§date(1990,01,15),
     VKDATUM<=§date(1990,01,20),ANR<200)
```

Sortieren Sie die Datenbank aufsteigend nach dem Hauptkriterium *Verkaufsdatum* und nach dem Nebenkriterium *Artikelnummer*.

Benennen Sie den Frame um in **WOCHE390**. Er hat folgenden Inhalt:

```
┌─[WOCHE390]══════════════════════════════════════════════════
│ ANR ARTBEZEICH        MENGE VKPREIS VTNAME  VKDATUM     UMSATZ
│ 115 Moselwein Reblaus   400    6,20 Laub    19900115 2.480,00 DM
│ 115 Moselwein Reblaus   200    6,20 Weber   19900116 1.240,00 DM
│ 111 Katzenbeißer Kerner 540    5,40 Maier   19900116 2.916,00 DM
│ 122 Vin de l'Aude       300    3,90 Weber   19900117 1.170,00 DM
│ 111 Katzenbeißer Kerner 300    5,40 Laub    19900118 1.620,00 DM
│ 112 Korber Kopf         800    5,20 Maier   19900118 4.160,00 DM
└──────────────────────────────────────────────────────────────
```

Bild 2.3.K Weinverkauf in der dritten Januarwoche

Die Formelsammlung im Texfrane FILTERFORMELN

Damit Sie die Filterformeln nicht jedesmal neu schreiben müssen, sollten Sie diese in einem gesonderten Frame abstellen. Schreiben Sie in den Vordergrund des Frames FILTERFORMELN z. B. die Formel:

```
§and(VKDATUM>=§date(1990,01,8),VKDATUM<=§date(1990,01,13),ANR<200)
```

Wenn Sie diese Filterformel brauchen, löschen Sie zunächst den von FRAMEWORK in die Übertragungsformel eingetragenen **Filterteil** im Formelhintergrund des Datenbankframes.

Lesen Sie die Filterformel aus dem Frame FILTERFORMEL mit der Tastenkombination <Shift> + <F7> in den FRAMEWORK-Zwischenspeicher ein. Dann bewegen Sie den Cursor an die Stelle, an der Sie diese Formel ablegen und kopieren Sie sie dorthin mit <Shift> + <F8>.

Der **Frame FILTERFORMELN** enthält folgende Formeln:

```
┌─[FILTERFORMELN]════════════════════════════════════════════════╗
│ Filterformel                          │ Bedeutung              ║
├───────────────────────────────────────┼────────────────────────╢
│ Ort="MÜnchen"                         │ Verkauf in München     ║
│ ANR > 199                             │ Verkauf von Sekt       ║
│ ANR < 200                             │ Verkauf von Wein       ║
│ VKDATUM<§date(1990,1,12)              │ Verkauf vor dem 12.1.90║
│ §and(VKDATUM >= §date(1990,01,8),     │                        ║
│      VKDATUM <= §date(1990,01,13))    │ Verkauf 2. Woche 1990  ║
│ §and(VKDATUM >= §date(1990,01,8),     │                        ║
│      VKDATUM <= §date(1990,01,13),    │                        ║
│         ANR < 200)                    │ Weinverkauf 2. Woche1990║
└───────────────────────────────────────┴────────────────────────╝
```

Bild 2.3.L Sammlung von Filterformeln

Programmgesteuerte Übertragung aus einer Datenbank in eine Tabelle
Programm 60: KOPDBTB1

Das Programm KOPDBTB1 im Programmhintergrund der Tabelle
KOPDBTB1 überträgt aus der Datenbank WOCHE290 in den Vordergrund dieser Tabelle in die Spalten A und B die Vertreternamen und
die Umsätze der zweiten Woche 1990. Nach dem Programmlauf können
Sie mit der Funktion §SUM manuell Summen über die Gesamtverkäufe
der Vertreter bilden. Damit ergibt sich die folgende Darstellung der
Tabelle:

```
┌─[KODBTB1]══════════════════════════════════════════════════════╗
│          A          B           C                              ║
│  1 Umsätze 02. Woche 1990   Summen                             ║
│  2                                                             ║
│  3 Laub    1.350,00 DM                                         ║
│  4 Laub      960,00 DM                                         ║
│  5 Laub    1.380,00 DM                                         ║
│  6 Laub      780,00 DM       4.470,00 DM                       ║
│  7 Maier     810,00 DM                                         ║
│  8 Maier     780,00 DM                                         ║
│  9 Maier     520,00 DM                                         ║
│ 10 Maier     960,00 DM                                         ║
│ 11 Maier     960,00 DM                                         ║
│ 12 Maier     124,00 DM                                         ║
│ 13 Maier     620,00 DM       4.774,00 DM                       ║
│ 14 Weber   1.040,00 DM                                         ║
│ 15 Weber   1.560,00 DM                                         ║
│ 16 Weber     480,00 DM                                         ║
│ 17 Weber   1.170,00 DM       4.250,00 DM                       ║
│ 18                                                             ║
│ 19 GESAMT                   13.494,00 DM                       ║
└────────────────────────────────────────────────────────────────╝
```

Bild 2.3.M Programmgesteuert kopierte Vertreterumsätze

Codierung

Zur leichteren Lesbarkeit wurden kommentierende Bemerkungen zwischen die Programmzeilen geschrieben.

Vereinbarung lokaler Variablen

```
§local(A, B, C),                                              ; 1
```

Löschen des Ausgabebereichs

```
§delete("A1:B50"),                                            ; 2
```

Ein- und Ausgabe zur Überschrift in Zelle A1

```
A:=§inputline("Nummer der Woche","02"),                       ; 3
B:=§inputline("Jahr","1990"),                                 ; 4
C:= "Umsätze " & A & ". Woche " & B,                          ; 5
§put(A1,C),                                                   ; 6
```

Übertragungshinweis in der Prompt-Zeile

```
§eraseprompt,                                                 ; 7
§prompt("Bitte warten. Die Daten werden übertragen.",20),    ; 8
```

Übertragungsschleife, solange nicht Ende der Datenbank VKW290

```
§while(                                                       ; 9
     §get(WOCHE290.VTNAME:WOCHE290.VTNAME)<>#NULL!,           ;10
```

Vertretername aus Datenbank lesen und in Tabelle schreiben

```
     §put(A3:A50,§get(WOCHE290.VTNAME)),                      ;11
     §next(KOPDBTB1.A3KOPDBTB1.A50),                          ;12
     §next(WOCHE290.VTNAME:WOCHE290.VTNAME),                  ;13
```

Umsatz aus Datenbank lesen und in Tabelle schreiben

```
     §put(B3:B50,§get(WOCHE290.UMSATZ)),                      ;14
     §next(B3:B50),                                           ;15
     §next(WOCHEN.VKW290.UMSATZ:WOCHE290.UMSATZ)              ;16
```

Schleifenende

```
     ),                                                       ;17
```

Hinweis auf das Ende des Programms in der Promptzeile

```
§eraseprompt,                                                 ;18
§prompt("Ende der Übertragung",30)                            ;19
```

Im Programm KOPDBTB1 sind die Tabelle KOPDBTB1 zur Aufnahme und die Datenbank WOCHE290 zur Abgabe der Daten starr verbunden.

Wenn Sie Daten aus einer anderen Datenbank übertragen, müssen Sie die Datenbanknamen im Programm entsprechend ändern oder Sie müssen den Namen der zu übertragenden Datenbank an den Namen anpassen, der im Programm verwendet wird.

Übertragung mit dynamischen Formeln
Programm 61: KOPDBTB2

Sie können das Übertragungsprogramm jedoch auch flexibel gestalten, indem Sie eine Variable zur Angabe des Namens der zu übertragenden Datenbank verwenden.

Dieses Programm befindet sich im Formelhintergrund der **Tabelle KOPDATTA2**.

Codierung

Vereinbarung lokaler Variablen

```
§local(A, B, C, D, E, F),                                    ; 1
```

Löschen des Ausgabebereichs

```
§delete("A1:B50"),                                           ; 2
```

Ein- und Ausgabe zur Überschrift in Zelle A1

```
A:=§inputline("Nummer der Woche","02"),                      ; 3
B:=§inputline("Jahr","1990"),                                ; 4
C:= "Umsätze " & A & ". Woche " & B,                         ; 5
§put(A1,C),                                                  ; 6
```

Eingabe des Namens der Quelldatenbank

```
D:=§inputline("Name der Datenbank, die übertragen wird",     ; 7
              "WOCHE290"),                                    ; 8
§eraseprompt,                                                ; 9
§prompt("Bitte warten. Die Daten werden übertragen.",20),    ;10
```

Übertragungsschleife, solange nicht Ende der Quelldatenbank

```
E:= "§get(" & D & ".VTNAME:" & D & ".VTNAME)",               ;11
§while(§E <> #NULL!,                                          ;12
```

Vertretername aus Datenbank lesen und in Tabelle schreiben

```
      F:="§get(" & D & ".VTNAME)",                            ;13
      §put(A3:A50,§F),                                        ;14
      §next(A3:A50),                                          ;15
      F:="§next(" & D & ".VTNAME:" & D & ".VTNAME)",          ;16
      §F,                                                     ;17
```

Umsatz aus Datenbank lesen und in Tabelle schreiben

```
      F:="§get(" & D & ".UMSATZ)",                            ;18
      §put(B3:B50,§F),                                        ;19
      §next(B3:B50),                                          ;20
      F:="§next(" & D & ".UMSATZ:" & D & ".UMSATZ)",          ;21
      §F,                                                     ;22
      E:= "§get(" & D & ".VTNAME:" & D & ".VTNAME)"           ;23
```

Schleifenende   )

```
      ),                                                      ;24
```

Hinweis auf das Ende des Programms in der Promptzeile

```
§eraseprompt,                                                 ;25
§prompt("Ende der Übertragung",30)                            ;26
```


Kommentar zur Codierung

Die Programmzeilen 1 bis 6 entsprechen denen von Programm KOPDBTB1 Es werden lediglich in Zeile 1 zusätzliche Variablen deklariert.

In der Zeile 7 wird der Name der zu übertragenden Datenbank angefordert.

Im Programm KOPDBTB2 müssen Sie die Angabe der Datenbank variabel gestalten. Der Name der Datenbank wird im Programm KOPDBTB2 gemäß Zeile 7 in die Variable D eingelesen.

D ist jedoch nicht der Name der Datenbank. Deshalb muß die Schleifenbedingung wie folgt mit dynamischen Formeln geschrieben werden:

```
E:= "§get(" & D & ".VTNAME:" & D & ".VTNAME)",               ;11
§while(§E <> #NULL!,                                          ;12
```

In der Zeile 11 wird der Inhalt des jeweiligen Vertreternamens der Quelldatenbank als String der Variablen E zugewiesen. Die Zeile 12 steuert die Bearbeitung mit einer WHILE-Schleife:

Solange der Inhalt des jeweiligen Elements der Quelldatei nicht den Wert #NULL! ergibt, wird die Bearbeitung in der Schleife fortgesetzt.

```
F:="§get(" & D & ".VTNAME)",                                   ;13
```

Mit der Zeile 13 ordnen Sie das aktuelle Element des Feldes *VERTRETERNAMEN* in der Quelldatei der Variablen *F* zu.

```
put(A3:A50,§F),                                                ;14
```

Mit Befehl 14 bestimmen Sie diesen Namen durch die Funktion §F und tragen ihn in die Tabelle KOPDBTB2 ein.

```
§next(A3:A50),                                                 ;15
```

Befehl 15 bewegt den Bereichsstatusmerker in der Tabelle KOPDBTB2 ein Element weiter.

```
F:="§next(" & D & ".VTNAME:" & D & ".VTNAME)",                 ;16
   §F,                                                         ;17
```

Die Anweisungen 16 und 17 bewegen den Statuszeiger im Datenbankfeld VTNAME eine Zeile weiter.

Die weiteren Übertragungsvorgänge sind analog codiert.

Auswertung von dBASE-Daten mit einem FRED-Programm

Sie können eine dBASE-Datenbank innerhalb von dBASE mit dem Report-Generator auswerten. Dabei definieren Sie menügesteuert die Gruppen, für welche Sie Summen ausgeben lassen. Auch die Formatierung wird menügesteuert durchgeführt.

Eine solche Auswertung in Form eines Berichts können Sie in FRAMEWORK mit einem Programm erstellen. Dabei sind Sie flexibler als beim Einsatz eines Report-Generators.

Die Anwendung VKANALYS wertet die aus dBASE global eingelesene Datei VERKAUF sowohl nach den Umsatzsumme der Artikel als auch nach den Verkaufssummen der Vertreter aus.

Struktur der programmgesteuerten Auswertung VKANALYS

Die programmgesteuerte Auswertung ist im **Konzept 33DB** im vierten Hauptgliederungspunkt enthalten:

```
=[33DB]=
 4 VKANALYS
    4.1 ANALYSE1
    4.2 ANALYSP1
    4.3 ANALYSE2
    4.4 ANALYSP2
    4.5 VTGRAF
```

Bild 2.3.N Teilkonzept VKANALYS

Im Teilkonzept VKSELEKT haben Sie mit den Programmen KOPDBTB1 und KOPDBTB2 Daten aus einer Datenbank in eine Tabelle kopiert und manuell Summen gebildet.

Im vorliegenden Teilkonzept erledigt das Programm nicht nur den Kopiervorgang sondern auch die Summation. Dabei werden die Verkäufe, die auf einen bestimmten Artikel entfallen, nur summarisch ausgegeben. Ein Artikelname wird also nur einmal aufgeführt und nicht mehrfach wie bei den Programmen KOBDBTB1 bzw. KOBDBTB2.

Die Tabelle ANALYSE1 nimmt die Daten der Auswertung nach der **Artikelart** auf. Das Programm ANALYSP1 bewirkt diese Auswertung.

Mit der Tabelle ANALYSE2 und dem Programm ANALYSP2 wird die entsprechende Untersuchung nach den **Vertretern** vorgenommen.

Programmauswahl in der Prompt-Zeile
Programm 62: VKANALYS

Bei einem größeren Programm ist die FRED-Menü-Technik vorteilhaft. Im Teilkonzept VKANALYS bieten sich Ihnen jedoch lediglich zwei Alternativen an. Hier genügt eine Auswahl über die Promptzeile.

Das Auswahlprogramm im Formelhintergrund des **Frames VKANALYS** lautet:

```
;Start mit <F5>                                            ; 1
§eraseprompt,                                              ; 2
§prompt("1 = Umsatzanalyse nach Artikeln    " &           ; 3
        "2 = Umsatzanalyse nach Vertretern <1 oder 2>",6),  ; 4
§nextkey,                                                  ; 5
§if(§key={1},§VKANALYS.ANALYSP1                            ; 6
   §if(§key={2},§VKANALYS.ANALYSP2                         ; 7
      §list(                                               ; 8
         §eraseprompt,                                     ; 9
         §prompt(" Mit <F5> neu starten und dann "         ;10
               & "1 oder 2 eingeben! ",20)                 ;11
         )                                                 ;12
      )                                                    ;13
   )                                                       ;14
```

Kommentar zur Codierung

In den Programmzeilen 3 und 4 werden die beiden Verarbeitungsalternativen zur Auswahl angeboten. In der Zeile 5 wird diese Ausgabe solange angehalten, bis eine Taste gedrückt wird.

In den Programmzeilen 6 bis 14 erfolgt die Bearbeitung wird diese Tastatureingabe.

Bei Eingabe der Ziffer 1 wird das Programm ANALYSP1 gestartet, bei Eingabe der Ziffer 2 das Programm ANALYSP2. Im anderen Fall, wenn also weder eine Eins noch eine Zwei eingegeben worden ist, erfolgt die Ausgabe gemäß der Zeilen 10 und 11.

Ergebnistabelle ANALYSE1

```
┌─[ANALYSE1]════════════════════════════════════════════════════
│              A              B           C           D        E
│  1 Verkaufsanalyse                   Januar 1990
│  2
│  3 Artikel-            Artikel-   verkaufte Verkaufs-      Umsatz
│  4 bezeichnung         nummer     Menge     preis i.DM     i. DM
│  5 ───────────────────────────────────────────────────────────
│  6 Katzenbeißer Kerner   111      1.640        5,40     8.856,00
│  7 Korber Kopf           112      2.500        5,20    13.000,00
│  8 Rheinwein Loreley     113      1.850        4,80     8.880,00
│  9 Moselwein Reblaus     115      1.070        6,20     6.634,00
│ 10 Rotwein Maroc         121        520        4,60     2.392,00
│ 11 Vin de l'Aude         122      1.700        3,90     6.630,00
│ 12 Sekt Superb           201        900       14,20    12.780,00
│ 13 Span. Tafelsekt       202      2.200        6,50    14.300,00
│ 14
│ 15 Gesamtumsatz                                        73.472,00
└───────────────────────────────────────────────────────────────
```

Bild 4.3.0 Verkaufsanalyse nach Artikeln

Bemerkungen zum Programmlauf

Sie können das Programm VKANLYS auf zwei Arten einsetzen:

- Sie starten das Verteilerprogramm VKANALYS innerhalb des Konzepts 33DB. Der Cursor muß auf dem Rand des Frames VKANALYS
  stehen, wenn Sie die Taste <F5> drücken.

  Das Verteilerprogramm VKANLYS führt Sie zu den Programmen
  ANALYSP1 bzw. ANALYSP2. Dort werden Daten aus der Datenbank
  VERKAUF eingelesen. Auch diese befinden sich im Konzept 33DB.

- Wenn Sie der besseren Übersicht wegen das Teilkonzept VKANALYS
  aus dem Gesamtkonzept 33DB herauskopieren, müssen Sie auch die
  Datenbank VERKAUF herauskopieren.

Gruppenwechsel

Programm 63: ANALYSP1

Die Auswertung der Datenbank erfolgt mit der Technik des Grup-
penwechsels.

Da der Programm-Code zu ingesamt 70 Zeilen umfaßt, wird die Kommentierung des Programms in gesonderten Zeilen zwischen dem Programmcode vorgenommen.

Codierung

Deklaration lokaler Variablen

```
§local(Dat, Start, Artnr, nächst, Menge, Artbez,        ; 1
       Vkpreis, Gesmenge, Umsatz, Gesamtumsatz),        ; 2
§setselection("Verkauf"),                               ; 3
```

Eintrag Verkaufszeitraum in Tabelle ANALYSE1

```
Dat:=§inputline("Geben Sie bitte den Verkaufszeitraum ein",  ; 4
                    "Januar 1990",#yes,#yes,#yes),            ; 5
ANALYSE1.C1 := Dat,                                           ; 6
```

Sortieren der Datenbank VERKAUF nach Artikelnummern

```
§pk("{in}{CTRL-HOME}{CTRL-S}v"),                        ; 7
§setselection("VKANALYS.ANALYSE1"),                     ; 8
```

Löschen des Ausgabebereich der Tabelle ANALYSE1

```
§delete("ANALYSE1.A6:ANALYSE1.E60"),                    ; 9
§eraseprompt,                                           ;10
§prompt("Die Übertragung läuft. Bitte warten",25),      ;11
```

Lesen Artikelnummer, Artikelbezeichnung und Menge

```
Artnr := §get(VERKAUF.ANR:VERKAUF.ANR),                      ;12
§next(VERKAUF.ANR:VERKAUF.ANR),                              ;13
Artbez := §get(VERKAUF.ARTBEZEICH:VERKAUF.ARTBEZEICH),       ;14
§next(VERKAUF.ARTBEZEICH:VERKAUF.ARTBEZEICH),                ;15
Menge := §get(VERKAUF.MENGE:VERKAUF.MENGE),                  ;16
§next(VERKAUF.MENGE:VERKAUF.MENGE),                          ;17
```

Festlegen von Gruppierwort alt

```
Start := Artnr,                                         ;18
```

Addition Verkaufsmenge zur Gesamtmenge

```
Gesmenge := Gesmenge + Menge,                           ;19
```

Schreiben Artikelbezeichnung und Artikelnummer in die Tabelle

```
§put(ANALYSE1.A6:ANALYSE1.A100,Artbez),                 ;20
§next(ANALYSE1.A6:ANALYSE1.A100),                       ;21
§put(ANALYSE1.B6:ANALYSE1.B100,Start),                  ;22
§next(ANALYSE1.B6:ANALYSE1.B100),                       ;23
```

Schleife, solange nicht Ende der Datei VERKAUF

```
§while(§get(VERKAUF.ANR:VERKAUF.ANR)<>#Null!,            ;24
```

Lesen Artikelnummer, Artikelbezeichnung, Menge und Verkaufspreis

```
    Artnr := §get(VERKAUF.ANR:VERKAUF.ANR),                  ;25
    §next(VERKAUF.ANR:VERKAUF.ANR),                          ;26
    Artbez := §get(VERKAUF.ARTBEZEICH:VERKAUF.ARTBEZEICH)    ;27
    §next(VERKAUF.ARTBEZEICH:VERKAUF.ARTBEZEICH),            ;28
    Menge := §get(VERKAUF.MENGE:VERKAUF.MENGE),              ;29
    §next(VERKAUF.MENGE:VERKAUF.MENGE),                      ;30
    Vkpreis := §get(VERKAUF.VKPREIS:VERKAUF.VKPREIS),        ;31
    §next(VERKAUF.VKPREIS:VERKAUF.VKPREIS),                  ;32
```

Festlegen Gruppierwort neu

```
    nächst := Artnr,                                         ;33
```

Wenn kein Gruppenwechsel

```
    §if(nächst = Start,                                      ;34
```

Ja

```
    Gesmenge := Gesmenge + Menge,                            ;35
```

Wenn Gruppenwechsel

Ausgabe Gesamtmenge, Preis

```
    §list(                                                   ;36
        §put(ANALYSE1.C6:ANALYSE1.C100,Gesmenge),           ;37
        §next(ANALYSE1.C6:ANALYSE1.C100),                   ;38
        §put(ANALYSE1.D6:ANALYSE1.D100,Vkpreis),            ;39
        §next(ANALYSE1.D6:ANALYSE1.D100),                   ;40
```

Bestimmen Umsatz und Gesamtumsatz

```
    Umsatz := Gesmenge * Vkpreis,                            ;41
    Gesamtumsatz := Gesamtumsatz + Umsatz,                   ;42
```

Ausgabe Umsatz

```
        §put(ANALYSE1.E6:ANALYSE1.E100,Umsatz),             ;43
        §next(ANALYSE1.E6:ANALYSE1.E100),                   ;44
```

Löschen und Addieren Gesamtmenge

```
    Gesmenge := 0,                                          ;45
    Gesmenge := Gesmenge + Menge,                           ;46
```

Grupperwort alt = Gruppierwort neu

```
    Start := nächst,                                        ;47
```

Berechnen Umsatz

```
    Umsatz := Gesmenge * Vkpreis,                           ;48
```

Ausgabe Artikelbezeichnung, Artikelnummer

```
                §put(ANALYSE1.A6:ANALYSE1.A100,Artbez),        ;49
                §next(ANALYSE1.A6:ANALYSE1.A100),              ;50
                §put(ANALYSE1.B6:ANALYSE1.B100,Start),         ;51
                §next(ANALYSE1.B6:ANALYSE1.B100);              ;52
                )                           ;Ende list    53
        )                                   ;Ende if      54
      ),                                    ;Ende while    55
```

Restsatzverarbeitung

```
§put(ANALYSE1.C6:ANALYSE1.C100,Gesmenge),                  ;56
§next(ANALYSE1.C6:ANALYSE1.C100),                          ;57
§put(ANALYSE1.D6:ANALYSE1.D100,Vkpreis),                   ;58
§next(ANALYSE1.D6:ANALYSE1.D100),                          ;59
Umsatz := Gesmenge * Vkpreis,                              ;60
Gesamtumsatz := Gesamtumsatz + Umsatz,                     ;61
§put(ANALYSE1.E6:ANALYSE1.E100,Umsatz),                    ;62
§next(ANALYSE1.E6:ANALYSE1.E100),                          ;63
§next(ANALYSE1.A6:ANALYSE1.A100),                          ;64
```

Ausgabe Gesamtumsatz

```
§put(ANALYSE1.A6:ANALYSE1.A100,"Gesamtumsatz"),            ;65
§next(ANALYSE1.E6:ANALYSE1.E100),                          ;66
§put(ANALYSE1.E6:ANALYSE1.E100, Gesamtumsatz),            ;67
```

Cursor auf den umfassenden Frame

```
§pk("{ctrl-out}"),                                         ;68
§eraseprompt,                                              ;69
§prompt("Ende der Übertragung",30)                         ;70
```

Umsatzsummen nach Vertretern

Programm 64:ANALYSP2

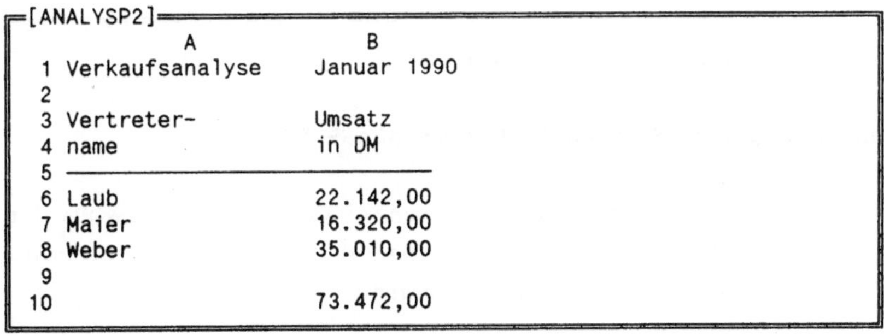

Bild 4.3.P Verkaufsanalyse nach Artikeln

Da das Programm ANALYSP2 in den Grundzügen mit dem Programm ANALYSP1 übereinstimmt, wird es hier nicht ausgedruckt. Sie finden den kompletten Programmcode auf der Anwendungsdiskette.

Grafische Darstellung der Vertreterumsätze

Mit der Balkengrafik VTGRAF stellen Sie die Verteterumsätze vom Januar 1990 dar.

Die Grafik wird mit folgender Formel aufgebaut:

```
@DrawGraph(ANALYSE2.B6:ANALYSE2.B8,#COLUMN,#BAR,
"Verkauf der Vertreter",,"DM")
```

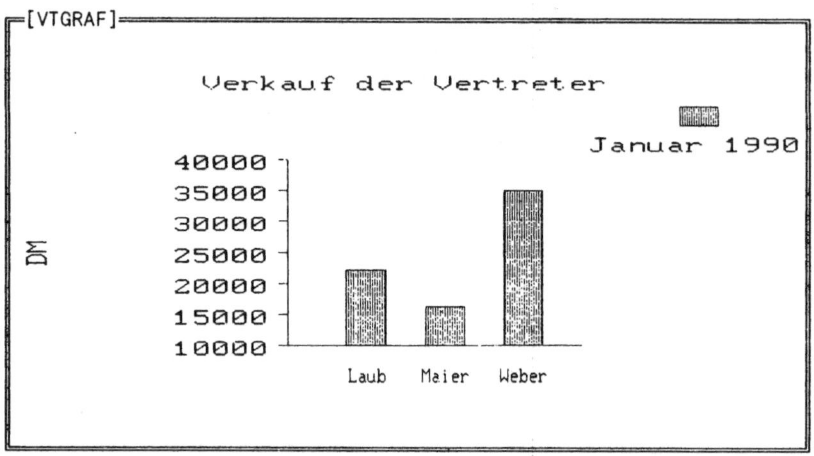

Bild 4.3.Q Vertreterumsätze

Umwandlung von FRAMEWORK III nach dBASE III +

Der Datentransfer zwischen dBASE und FRAMEWORK ist keine Einbahnstraße. Sie können eine FRAMEWORK-Datenbank menügesteuert in eine dBASE-Datenbank umwandeln.

Stellen Sie den Cursor auf den Rand der FRAMEWORK-Datenbank WOCHE390 im Teilkonzept VKSELEKT.

Wählen Sie das Menü *Laufwerk*, den Punkt *'Schreiben von Fremdformatdateien'* und *'B. dBASE'*.

Sie erhalten die dBASE-Datenbank WOCHE390.DBF.

Starten Sie dBASE und lassen Sie die Struktur dieser Datenbank mit dem Befehl LIST STRUCTURE ausgeben. Sie erhalten folgende übersichtliche Darstellung der Datenbankstruktur:

```
Datenbankstruktur       : A:woche390.dbf
Anzahl der Datensätze :        6
Letztes Änderungsdatum: 05.05.90
Feld    Feldname    Typ           Länge    Dez
   1    ANR         Numerisch        7
   2    ARTBEZEICH  Zeichen         19
   3    MENGE       Numerisch        7
   4    VKPREIS     Numerisch        8       2
   5    VTNAME      Zeichen          7
   6    VKDATUM     Datum            8
   7    UMSATZ      Numerisch       11       2
** Gesamt **                       68
```

Bild 4.3.R Datenbankstruktur in dBASE

Es wäre von großem Nutzen, wenn diese Strukturangaben auch für die FRAMEWORK-Datenbank Gültigkeit hätten. Damit würde ein Instrument zur Angabe der Struktur einer FRAMEWORK-Datenbank für Zwecke der Dokumentation zur Verfügung stehen.

Ein Vergleich dieser Strukturangaben mit der FRAMEWORK-Datenbank ergibt eine Übereinstimmung bei Feldname und Typ. Bei den Angaben zur Länge gibt es dagegen Abweichungen. Beim Typ *Zeichen* stimmt die Längenangabe überein, ebenso bei Feld 4 und 7, also bei numerischen Angaben mit Nachkommastellen.

Beim Feld *UMSATZ* sind in FRAMEWORK 14, in dBASE nur 11 Stellen erforderlich, da in FRAMEWORK die Währung (DM) angegeben wird.

Es gibt auch Abweichungen bei numerischen Angaben ohne Dezimalstellen. Bei Feld 1 werden in FRAMEWORK statt 7 lediglich 4 Stellen gemessen, bei der Menge 6 statt 7. Bei der Datumsangabe in Feld 6 werden in FRAMEWORK 9 Stellen gemessen. In dBASE weist dagegen nur 8 Stellen aus.

Sie können die Strukturangaben nur nach einer Überprüfung für FRAMEWORK gelten lassen.

Außerdem müssen Sie beachten, daß Feldnamen in dBASE eine Länge von maximal 10 Zeichen haben. In FRAMEWORK können sie wesentlich länger sein (bis 255 Zeichen). Außerdem sind in FRAMEWORK Schreibweisen für Feldnamen möglich, die in dBASE nicht erlaubt sind.

Wenn Sie in FRAMEWORK eine Datenbank anlegen, die Sie nach dBASE transferieren wollen, sollten Sie darauf achten, daß Sie vor der Übertragung eventuell vorhandene Leersätze physikalisch löschen. dBASE führt andernfalls bei den Strukturangaben auch diese Leersätze auf.

Eine Ausgabe der dBASE-Datenbank WOCHE390 mit dem Befehl LIST OFF ergab folgende Darstellung:

```
ANR ARTBEZEICH          MENGE  VKPREIS VTNAME  VKDATUM      UMSATZ
111 Katzenbeißer Kerner   300     5.40 Laub    18.01.90   01620.00
115 Moselwein Reblaus     400     6.20 Laub    15.01.90   02480.00
111 Katzenbeißer Kerner   540     5.40 Maier   16.01.90   02916.00
112 Korber Kopf           800     5.20 Maier   18.01.90   04160.00
115 Moselwein Reblaus     200     6.20 Weber   16.01.90   01240.00
122 Vin de l'Aude         300     3.90 Weber   17.01.90   01170.00
```

Bild 4.3.5 Nach dBASE konvertierte Datenbank WOCHE390

Hier stört die führende Null bei den Umsatzangaben.

Mit dieser Möglichkeit der Umwandlung von FRAMEWORK- in dBASE-Datenbanken können Sie Daten in FRAMEWORK erfassen und an dBASE-Datenbanken anhängen. Für die Verarbeitung Ihrer Daten steht Ihnen damit das gesamte dBASE-Instrumentarium zur Verfügung. Insbesondere können Sie mit Index-Dateien auf Ihre Daten zugreifen.

5. KFZ-Verwaltung

5.1 Allgemeines

Unterschiedliche Lösungsansätze mit FRAMEWORK

Mit FRAMEWORK können Sie ein bestimmtes Problem überwiegend auf der Kommandoebene realisieren. Sie können dasselbe Problem aber auch auf der Programmebene lösen.

Das erste der beiden Konzepte zur Fuhrpark-Verwaltung und zur KFZ-Kosten-Abrechnung realisieren Sie insbesondere auf der **Kommando-** und das zweite auf der **Programmebene.**

Die **Abgrenzung** dieser beiden Ebenen ist **fließend.** Bei der Fuhrpark-Verwaltung verwenden Sie ein Makro, um in einer Datenbank bestimmte Feldinhalte zu übertragen bzw. zu löschen.

Mit der Einbindung von Befehlen aus der Kommandoebene in ein Makro haben Sie den Übergang zur Programmebene vollzogen.

Auf der anderen Seite nehmen Sie beim **Konzept KFZ-Kosten-Abrechnung** die Eintragung der einzelnen Kostenarten direkt in die Zellen einer Tabelle vor. Sie arbeiten auf der Kommandoebene. Diese Tabelle enthält jedoch auch eine Reihe von Spalten mit Formeln. Im weiteren Sinn liegt hier also ein Programm vor. Es ist zellen-orientiert.

Sie arbeiten damit in dieser Tabelle sowohl auf der Kommando- als auch auf der Programmebene.

Die Auswertung dieser Daten erfolgt in einem Programm konventioneller Art im Formelhintergrund einer Tabelle.

5.2 Fuhrpark-Verwaltung   Datei: 34FUHRPK

Programmübersicht

Programm- Nummer	Programm- Name	Problemstellung
65	MAKROA	Übertragung von Feldinhalten
66	KFZ1	Ermittlung des Treibstoffverbrauchs
	KFZ2	
67	KFZ3	Vergleich des Treibstoffverbrauchs in zwei Monaten

In diesem Modell kommen die FRAMEWORK-Module Datenbank, Tabelle, Grafik, Text und FRED zusammen mit einem Makro zur Anwendung. Sie unterhalten eine Datenbank der Fahrer einer Bauunternehmung. Hier schauen Sie nach, wenn Sie einen Fahrer brauchen, der an einem bestimmten Ort wohnt. Sie finden hier auch seine Telefonnummer und weitere Daten wie z. B. die Führerscheinklasse.

Wegen des geringen Datenbestandes ist diese Datenbank von der Sache her kaum gerechtfertigt. Um den Sachverhalt übersichtlich darzustellen, wird versucht mit möglichst wenig Daten auszukommen.

Komponenten des KFZ-Berichts

Der Bericht beginnt mit einem Text, welcher den Bericht kurz erläutert.

Neben der Datenbank der Fahrer legen Sie eine Datenbank der Fahrzeuge an. Hier ermitteln Sie insbesondere die monatliche Kilometer-Leistung. Ein Makro hilft Ihnen dabei.

Mit drei Tabellen ermitteln Sie den durchschnittlichen Kraftstoffverbrauch und Abweichungen im Verbrauch von zwei Monaten.

Außerdem werten Sie die in den Tabellen ermittelten Ergebnisse in Grafiken und in einem Bericht aus.

Erstellen Sie das **Konzept 34FUHRPK:**

```
┌─[34FUHRPK]════════════════════════════════════════════════════╗
│     1   ÜBERSICHT                                              ║
│     2   DATENBANKEN                                            ║
│         2.1   FAHRER                                           ║
│         2.2   FAHRZEUGE                                        ║
│         2.3   MAKROA                                           ║
│     3   TABELLEN                                               ║
│         3.1   KFZ1                                             ║
│         3.2   KFZ2                                             ║
│         3.3   KFZ3                                             ║
│     4   GRAFIKEN                                               ║
│         4.1   FAHRLEISTUNG                                     ║
│         4.2   DIESELVERBRAUCH                                  ║
│         4.3   BENZINVERBRAUCH                                  ║
│     5   KOMMENTAR                                              ║
└═══════════════════════════════════════════════════════════════╝
```

Bild 5.2.A Konzeptstruktur

Erläuterung des KFZ-Berichts im Frame ÜBERSICHT

Zu Beginn Ihres Berichts geben Sie in dem **Frame ÜBERSICHT** einen Überblick über die einzelnen Komponenten der Ausarbeitung mit folgendem Text:

```
=[ÜBERSICHT]==============================================

                        Strabau GmbH

Sachbearbeiter: Maier                    Datum: 12. März 1990

Dieser Bericht vergleicht die Fahrleistung der PKW in den Monaten
Januar und Februar 90.

Außerdem wird der Benzin- bzw. Dieselverbrauch untersucht.

Nach zwei Datenbanken und drei Tabellen finden Sie drei Grafiken.
Hier können Sie deutliche Unterschiede in den Fahrleistungen der
einzelnen Fahrzeuge sowie im Kraftstoffverbrauch feststellen


Dieser Bericht wird mit einem Kommentar abgeschlossen.
```

Bild 5.2.B Übersicht zum KFZ-Bericht

Datenbank FAHRER

Damit Sie die zum Einsatz der Fahrer erforderlichen Daten ohne großen Aufwand ermitteln können, erstellen Sie die **Datenbank FAHRER:**

```
=[FAHRER]================================================
Name      Vorname  Telefon      Klasse   Straße          PLZ   Ort

Amann     Sylvia   07581/3434   2        Kaiserstr. 12   7968  Saulgau
Arnold    Michael  07581/3333   2        Roßgarten 114   7968  Saulgau
Durach    Fritz    07581/4321   2        Uferweg 4       7968  Saulgau
Kaufmann  Josef    07581/4578   3        Werderstr. 112  7968  Saulgau
Moser     Bernd    07581/1577   3        Karlstr. 7      7968  Saulgau
Fischer   Karl     07580/6565   2        Kirchberg 5     7900  Ulm
Hamma     Georg    07580/1232   2        Dresdnerstr. 2  7947  Mengen
Längle    Peter    07580/2234   2        Amselweg 23     7947  Mengen
```

Bild 5.2.C Fahrer-Datenbank

Selektion nach Postleitzahl

Schreiben Sie auf den Rand dieser Datenbank folgende Filterformel:

```
PLZ = 7968
```

Wenn Sie kurzfristig einen Fahrer brauchen, können Sie mit diesem Filter ermitteln, welche Fahrer Ihren Wohnsitz am Ort der Unternehmung haben. Die Telefonnummer können Sie ebenfalls der Datenbank entnehmen.

Selektion nach Führerscheinklasse

Wollen Sie wissen, welche Fahrer einen Führerschein der Klasse 3 besitzen, bringen Sie dies mit folgender Filterformel in Erfahrung:

```
[Klasse] = 2
```

Wenn Sie häufig derartige Abfragen benötigen, legen Sie Ihre Filterformeln am besten in einem gesonderten Frame ab, den Sie in das Konzept aufnehmen.

KFZ-Datenbank FAHRZEUGE

In der Datenbank **FAHRZEUGE** ermitteln Sie insbesondere die monatliche Fahrleistung. Legen Sie für den Monat Januar 1990 folgende Datenbank an:

```
┌─[FAHRZEUGE]════════════════════════════════════════════════════════
│ KFZ-Nummer Fabrikat Treibst. km-Stand alt km-Stand neu km-Leistung
│ ═══════════════════════════════════════════════════════════════════
│ SIG-NR-44  Daimler  D          160.000     171.000      11.000
│ SIG-ZZ-22  Iveco    D           40.000      45.500       5.500
│ SIG-AR-23  Iveco    D           81.000      89.000       8.000
│ SIG-WV-13  VW       B           32.000      38.200       6.200
│ SIG-LL-18  Daimler  B          185.000     189.500       4.500
└────────────────────────────────────────────────────────────────────
```

Bild 5.2.D Fahrzeug-Datenbank

Im Feld Treibstoff stellt ein D die Abkürzung für Diesel und ein B die Abkürzung für Benzin dar.

Das Feld *'km-Stand alt'* enthält den Kilometerstand am Ende des Vormonats und das Feld *'km-Stand neu'* den Kilometerstand am Ende des Monats, für welchen die Untersuchung durchgeführt wird.
Geben Sie im Formelhintergrund des Feldes *'km-Leistung'* folgende Formel ein:

```
[km-Leistung] := [km-Stand neu] - [km-Stand alt]
```

Verwenden Sie bei der Generierung dieser Formel die Cursor-Methode. Sie müssen weder die Feldnamen noch die Klammern eintippen.

Bei der Ermittlung der Kilometerleistung können Sie sich für ein Verfahren auf der Kommando- oder der Programmebene entscheiden.

Ermittlung der Fahrleistung auf der Kommandoebene

Zur Ermittlung der km-Leistung für einen neuen Monat gehen Sie wie folgt vor:

- Übertragen Sie die Daten des Felds *'km-Stand neu'* mit der Taste ⟨F7⟩ in das Feld *'km-Stand alt'*.
- Löschen Sie die Daten im Feld *'km-Leistung'*.
- Geben Sie die Kilometerstände für die einzelnen Fahrzeuge im neuen Monat in das Feld *'km-Stand neu'* ein.
- Bewegen Sie den Cursor auf den Feldnamen *'km-Leistung'* und lassen Sie dort mit der Taste ⟨F5⟩ die *'km-Leistung'* berechnen.

Ermittlung der Fahrleistung
Programm 65: MAKROA

Um Bearbeitungsfehler auszuschließen und das Verfahren zu beschleunigen, erstellen Sie das Makro **MAKROA**.

Es enthält folgenden FRED-Code:

```
§setselection("Fuhrpark.Datenbanken.Fahrzeuge.[km-Stand neu]"),;1
§pk("{ctrl-uparrow}{dnarrow}{F6}{ctrl-dnarrow}{return}" &        ;2
    "{F7}{leftarrow}{return}"),                                  ;3
§delete("Datenbanken.Fahrzeuge.[km-Leistung]"),                 ;4
§setselection("Fuhrpark.Datenbanken.Fahrzeuge.[km-Stand neu]") ;5
```

Bibliotheksmakro ALT-K zum Erstellen des Makro-Codes

Schreiben Sie nicht den gesamten Makrocode, sondern verwenden Sie das **Makro ALT-K**, welches auf der **Anwendungsdiskette** zu FRAMEWORK III mitgeliefert wird. Sie müssen es allerdings in die FRAMEWORK-Bibliothek abstellen.

Aktivieren Sie dieses Makro mit <Alt> + K. Anschließend müssen Sie nur noch die einzelnen Tasten drücken, die in das zu erstellende Makro eingehen. Das Makro ALT-K erzeugt automatisch den Makro-Code.

Kommentar zum Makro-Code

Mit der Zeile 1 des Makro-Codes wird das Datenfeld *'km-Stand neu'* angesteuert. Die zweite Zeile wählt die zu übertragenden Daten des Feldes *'km-Stand neu'* aus. In der dritten Zeile werden diese Daten in das linke Feld *'km-Stand alt'* übertragen.

Die bisherige km-Leistung pro Monat wird mit der Zeile 4 gelöscht.

Am Schluß wird der Cursor auf das Feld mit den neuen Kilometerständen gesetzt, damit Sie dort Ihre Daten eingeben können.

Damit Sie MAKROA mit der Tastaturkombination <ALT> + A aktivieren können, müssen Sie im Formelhintergrund des umfassenden Frame FUHRPARK noch folgenden Code eintragen:

```
;mit <F5> aktivieren !                                         ; 1
§setmacro({alt-a},[34FUHRPK].DATENBANKEN.MAKROA)               ; 2
```

Die zweite Zeile legt die Verbindung zwischen dem Makro und der Tastaturkombination <Alt> + a fest .

Wenn Sie die Dateneingabe beendet haben, lösen Sie eine Neuberechnung der Kilometerstände aus, indem Sie den Cursor auf den Feldnamen *'km-Leistung'* bewegen und dann die Taste <F5> betätigen.

Ermittlung des Durchschnittsverbrauchs im Januar 90

Programm 66: KFZ1

Mit der Tabelle KFZ1 ermitteln Sie den Durchschnittsverbrauch je 100 km für die verschiedenen Fahrzeuge.

```
┌─[KFZ1]════════════════════════════════════════════════╗
║       A        B        C        D     E        F      ║
║  1 Monat 01 / 90                                       ║
║  2                                                     ║
║  3 KFZ-       Treib-  gefah-  Verbrauch Verbrauch      ║
║  4 Nummer     stoff   rene km Liter       je 100 km    ║
║  5 ─────────────────────────────────────────────       ║
║  6 SIG-NR-44    D     11.000   --> 1.410    12,8       ║
║  7 SIG-ZZ-22    D      5.500   -->   860    15,6       ║
║  8 SIG-AR-23    D      8.000   -->   890    11,1       ║
║  9 ─────────────────────────────────────────────       ║
║ 10 Summe Diesel      24.500       3.160    12,9       ║
║ 11 ═════════════════════════════════════════════       ║
║ 12                                                     ║
║ 13 SIG-WV-13    B      6.200   -->   870    14,0       ║
║ 14 SIG-LL-18    B      4.500   -->   540    12,0       ║
║ 15 ─────────────────────────────────────────────       ║
║ 16 Summe Benzin      10.700       1.410    13,2       ║
║ 17 ═════════════════════════════════════════════       ║
║ 18                                                     ║
║ 19 -->                                                 ║
║ 20 Geben Sie bitte an diesen Stellen Daten ein!        ║
╚════════════════════════════════════════════════════════╝
```

Bild 5.2.E Treibstoff-Verbrauch im Januar 1990

In dieser Tabelle sind einzelne Zellen mit einem Pfeil gekennzeichnet, welcher nach rechts zeigt. Nur an diesen Stellen müssen Sie Daten eingeben. Die übrigen numerischen Daten gewinnen Sie mit Formeln. Die Fahrleistung pro Monat haben Sie bereits in der Datenbank FAHRZEUGE ermittelt.

Lassen Sie die dort ermittelten Ergebnisse in die Zelle C6 eintragen:

```
§dblookup(A6,"Datenbanken.Fahrzeuge.[KFZ-Nummer]",
          "Datenbanken.Fahrzeuge.[km-Leistung]")
```

Kopieren Sie diese Formel in die Zellen C7, C8, C13 und C14.

Tragen Sie folgende weiteren Formeln ein:

Ergebnis	Zelle	Formel
Summe des Dieselverbrauchs	C10	§sum(C6:C8)
Gesamter Bezinverbrauch	C16	§sum(C13:C14)
Verbrauch je 100 km	F6	E6 / C6 * 100

KFZ-Datenbank FAHRZEUGE im Februar 1990

Geben Sie die Daten für den Monat Februar 1990 in die Datenbank
FAHRZEUGE ein. Sie können dabei auf Kommandoebene arbeiten oder
sich des Makros MAKROA bedienen.

Die Datenbank FAHRZEUGE bekommt folgenden Inhalt:

```
=[FAHRZEUGE]====================================================
 KFZ-Nummer Fabrikat Treib km-Stand alt km-Stand neu km-Leistung
 ================================================================
 SIG-NR-44  Daimler  D        171.000      181.800       10.800
 SIG-ZZ-22  Iveco    D         45.500       51.200        5.700
 SIG-AR-23  Iveco    D         89.000       96.400        7.400
 SIG-WV-13  VW       B         38.200       43.800        5.600
 SIG-LL-18  Daimler  B        189.500      194.600        5.100
```

Bild 5.2.F Fahrzeug-Datenbank im Februar 90

Kopieren Sie den Inhalt der **Tabelle KFZ1** in die **Tabelle KFZ2** und
lösen Sie mit der Taste <F5> eine Neuberechnung aus.

Die **Tabelle KFZ2** hat folgenden Inhalt:

```
=[KFZ2]=========================================================
          A        B        C      D    E       F
  1 Monat 2 / 90
  2
  3 KFZ-      Treib-   gefah-  Verbrauch Verbrauch
  4 Nummer    stoff    rene km Liter      je 100 km
  5 ----------------------------------------------------
  6 SIG-NR-4  D        10.800 --> 1.210      11,2
  7 SIG-ZZ-2  D         5.700 -->   880      15,4
  8 SIG-AR-2  D         7.400 -->   840      11,4
  9 ----------------------------------------------------
 10 Summe Diesel       23.900     2.930      12,3
 11 ====================================================
 12
 13 SIG-WV-1  B         5.600 -->   780      13,9
 14 SIG-LL-1  B         5.100 -->   620      12,2
 15 ----------------------------------------------------
 16 Summe Benzin       10.700     1.400      13,1
 17 ====================================================
 18
 19 -->
 20 Geben Sie bitte an diesen Stellen Daten ein!
```

Bild 5.2.G Treibstoff-Verbrauch im Februar 1990

Verbrauchsermittlung im Januar und Februar 90

Programm 67: KFZ3

Die **Tabelle KFZ3** enthält folgende Eintragungen zum Vergleich des Treibstoffverbrauchs der Monate Januar und Februar 90.

```
┌─[KFZ3]════════════════════════════════════════════════════════╗
│        A        B        C        D        E        F        G │
│  1 KFZ      Jan.90   Feb.90   Jan.90   Feb.90 Differenz Differenz │
│  2            ø-Verbrauch       Fahrleistung   absolut   in %   │
│  3 ────────────────────────────────────────────────────────── │
│  4 SIG-NR-44   12,8     11,2   11.000    8.500   -2.500  -29,41 │
│  5 SIG-ZZ-22   15,6     15,4    5.500    5.700      200    3,51 │
│  6 SIG-AR-23   11,1     11,4    8.000    6.800   -1.200  -17,65 │
│  7 SIG-WV-13   14,0     13,9    6.200    5.300     -900  -16,98 │
│  8 SIG-LL-18   12,0     12,2    4.500    5.100      600   11,76 │
│  9 ────────────────────────────────────────────────────────── │
│ 10 Summen                      35.200   31.400   -3.800  -12,10 │
│ 11 ════════════════════════════════════════════════════════════ │
└────────────────────────────────────────────────────────────────┘
```

Bild 5.2.H Differenzen im Treibstoff-Verbrauch

Kopieren Sie die Angaben zum Treibstoffverbrauch aus den Tabellen KFZ1 und KFZ2 in die Spalten B und C.

Die Fahrleistung erhalten Sie aus der Datenbank FAHRZEUGE nach der jeweiligen Berechnung für den betreffenden Monat.

Tragen Sie folgende Formeln ein:

Ergebnis	Zelle	Formel
Absolute Differenz der Fahrleistung der beiden Monate	F4	E4-D4
Prozentuale Differenz der Fahrleistung	G4	100 / E4 * F4
Summe	D10	§sum(D4:D8)

Kopieren Sie die beiden ersten Formeln nach unten und die dritte Formel einmal nach rechts.

Linien-Grafik FAHRLEISTUNG für Januar und Februar 90

In den folgenden Frames stellen Sie Daten über Fahrleistung und Kraftstoffverbrauch in den Monaten Januar und Februar 1990 einander gegenüber.

Beginnen Sie mit der Grafik FAHRLEISTUNG:

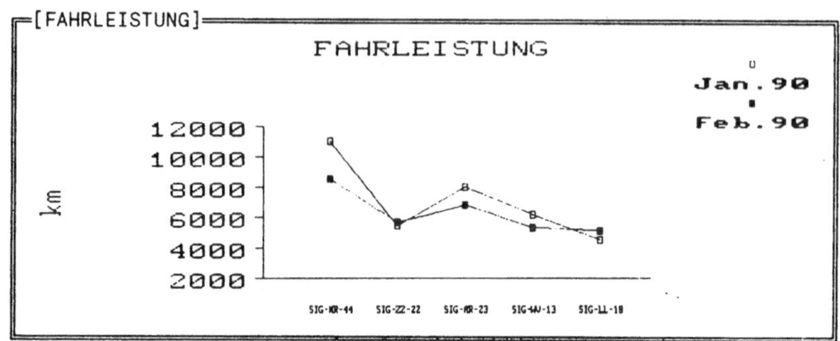

Bild 5.2.I Fahrleistung im Januar und Februar 1990

Die Formel zum Erstellen dieser Grafik lautet:

```
@DrawGraph(TABELLEN.KFZ3.D4:TABELLEN.KFZ3.E8,#COLUMN,#LINE,,,"km")
```

Balkengrafik DIESELVERBRAUCH im Monatsvergleich

In den beiden folgenden Grafiken wird der Diesel- und Benzinverbrauch getrennt ausgegeben.

Erstellen Sie zunächst die Grafik DIESELVERBRAUCH:

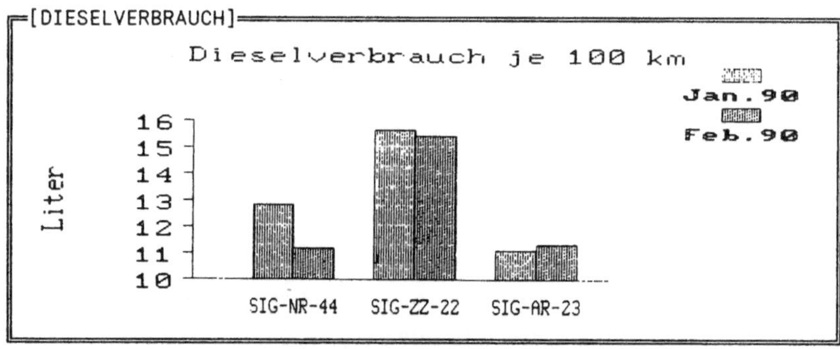

Bild 5.2.J Dieselverbrauch

Die Formel zum Zeichnen dieser Grafik lautet:

```
@DrawGraph(TABELLEN.KFZ3.B4:TABELLEN.KFZ3.C6,#COLUMN,#BAR,
           "Dieselverbrauch je 100 km",,"Liter")
```

BENZINVERBRAUCH: Balkengrafik der PKW im Monatsvergleich

Der Bezinverbrauch der Monate Januar und Februar:

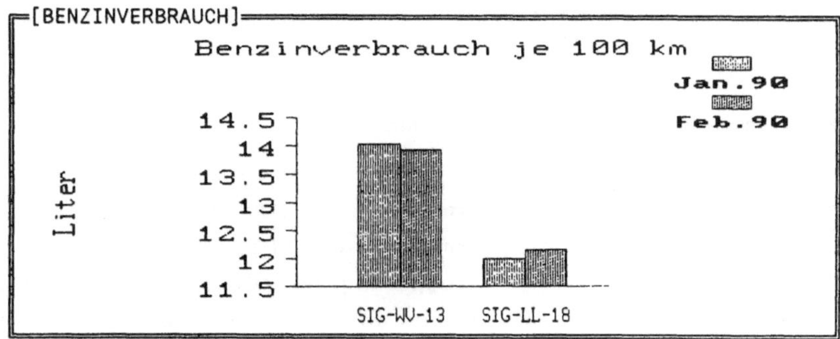

Bild 5.2.K Benzinverbrauch

Die Grafikformel lautet:

```
@DrawGraph(TABELLEN.KFZ3.B7:TABELLEN.KFZ3.C8,#COLUMN,#BAR,
           "Benzinverbrauch je 100 km",,"Liter")
```

Zusammenfassung

Am Ende des Berichts fassen Sie die Ergebnisse im Frame KOMMENTAR zusammen:

```
[KOMMENTAR]

                        Strabau GmbH

Sachbearbeiter: Maier                    Datum: 12. März 1990


KFZ-Bericht zum Februar 1990

Die Fahrleistung in km lag im Berichtsmonat insgesamt niedriger als
im Vormonat. Wie in der Tabelle KFZ3 nachgewiesen worden ist, hat
die Anzahl zurückgelegter Kilometer um 12,10 % abgenommen.

Dies ist eine überdurchschnittliche Abnahme im Monat Februar
gegenüber dem Januar. Der letztjährige Rückgang im Februar belief
sich auf 8 %.

Diese Abnahme geht insbesondere auf KFZ SIG-NR-44 zurück. Es wird
dringend empfohlen, dieses KFZ ungeachtet der bisherigen gesamten
Kilometerleistung stärker einzusetzen.
```

Bild 5.2.L Zusammenfassende Bemerkungen

5.3 KFZ-Kosten-Abrechnung   Datei: 35KFZKST

P r o g r a m m ü b e r s i c h t

Programm- Nummer	Programm- Name	Problemstellung
68	KOST	Ermittlung des Treibstoffverbrauchs
69	SUMMEN	Ermittlung der KFZ Gesamtkosten
70	STAT	Grupperung der KFZ-Kosten auf die einzelnen Monate und die Kostenarten

Während Sie sich bei der Anwendung 34FUHRPK mit der Fahrleistung und dem Kraftstoffverbrauch beschäftigt haben, nehmen Sie bei der KFZ-Kosten-Abrechnung die Kostenbestandteile genauer unter die Lupe.

Sie geben zunächst die Kosten für **einen PKW** in eine Tabelle ein. Anschließend ermitteln Sie in einer weiteren Tabelle die Summe der laufenden Kosten und der Abschreibung. Mit einem Programm im Tabellenhintergrund nehmen Sie dann die Verteilung der Kosten auf die einzelnen Monate und die Kostenarten vor.

Erstellen Sie folgendes Konzept:

```
=[35KFZKST]===================================================
      1   KOST
      2   SUMMEN
      3   STAT
```

Bild 5.3.A Konzeptstruktur

KFZ-Kostentabelle KOST

Programm 68: KOST

```
=[KOST]===============================================================
     A  B     C      D      E      F   G       H     I     J     K     L      M
  1 KFZ-Kosten   Bitte eingeben:
  2
  3 KFZ-Nr.........:  SIG WX23   <——        Nutzungsdauer
  4 Kaufpreis in DM: 35.000,00   <——        in Jahren.:      6     <——
  5 Anfang KM-Stand:   102.000   <——        Lfd. Jahr.:   1990     <——
  6
  7 Schlüssel für Kostenarten:
  8    1 = Benzin 3 = Pflege    5 = Wartung 7 = Kasko   9 = Haftplicht
  9    2 = Öl     4 = Reparatur 6 = Reifen  8 = Garage 10 = KFZ-Steuer
 10
 11 Tag Monat Kosten- DM  Liter KM-Stand  gefah-  Liter  Benzin
 12             art                       rene km 100/km DM/Liter
 13
 14   28    1    1    52,00  45 102.500     500    9,0    1,16
 15    4    2    1    60,00  55 103.100     600    9,2    1,09
 16    6    2    2    30,00   3
 17    6    2    1    70,00  65 103.750     650   10,0    1,08
 18    8    2    9   120,00
 19   10    2    1    85,00  80 104.500     750   10,7    1,06
 20    2    3    1    60,00  50 105.050     550    9,1    1,20
 21    3    3    6   600,00
 22    3    3    3    20,00
 23    3    3    1    80,00  75 105.600     550   13,6    1,07
```

Bild 5.3.B Auszug aus der Tabelle KOST

Die Überschriften sollen auch beim Blättern nach unten lesbar bleiben

Die Zeilen 1 bis 13 fixieren Sie über das Menü *Editieren*, damit Sie die Spaltenbezeichnungen auch dann lesen können, wenn Sie mit dem Feldanzeiger weiter nach unten fahren.

Plausibilität der Eingaben

Die Spalten B bis G belegen Sie ab Zeile 14 über das Menü *Zahlen* und den Punkt *'Auswahl des Eingabeformats'* mit dem numerischen Format vor. In Spalte G wählen Sie für die betreffenden Zellen zusätzlich das Format *'Unterteilen in Tausender'* mit Null Nachkommastellen. Damit wird eine bessere Lesbarkeit erzielt.

Grenzen Sie die Ausgaben optisch von den Eingaben ab

Den Bereich für die laufenden Eingaben grenzen Sie mit einer senkrechten Doppellinie vom Ergebnisbereich ab.

Für die Berechnungen benötigen Sie folgende Formeln:

Wert	Zelle	Formel
gefahrene km	I14	§if(D14 = 1, G14 − E5, " ")
	I15	§if(D15 = 1, G15 − §max(G$14:G14), " ")
Liter je 100 km	J14	§if(D14 = 1, F14 / I14 * 100," ")
Benzin DM je Liter	K14	§if(D14 = 1, E14 / F14, " ")

Zur Ermittlung der **Anzahl der gefahrenen Kilometer** verwenden Sie zwei unterschiedliche Formeln. Zur Emittlung der Differenz müssen Sie zunächst in Zelle I14 auf eine Zelle außerhalb des Eingabereichs für die laufenden Kosten, die der Zelle E5 zugreifen.

In der Zelle I15 berechnen Sie die Differenz aus der Kilometerzahl, die in Zelle D15 eingetragen ist und dem Maximum der Kilometer, welche von G$14 bis G14 eingetragen sind. Dieser Formelteil gewinnt erst einen Sinn, wenn Sie ihn nach unten kopieren. Dann bleibt die Adresse G$14 konstant, während sich die Adressen G14 laufend anpaßt. Diese Art der Berechnung mit der Funktion §max ist notwendig, da die Spalte G ab Zeile 14 nicht in jeder Zeile Angaben zum Kilometer-Stand enthält.

Durch die **Abfragen** mit der Funktion §if erreichen Sie, daß nur dann in den betreffenden Zellen ein Eintrag vorgenommen wird, wenn es sich bei den Kosten um Benzin oder Diesel handelt, wobei der Dieseltreibstoff allerdings nicht ausdrücklich bei den Schlüsseln in den Zeilen 8 und 9 erwähnt ist. Der durchschnittliche Kraftstoff kann nur berechnet werden, wenn die Kostenart 1 vorliegt.

Da für jeden PKW nur Benzin oder nur Diesel als Kraftstoff verwendet wird und in einer Kostentabelle nur ein einziger PKW aufgeführt ist, wurde auf eine Aufteilung der Kostenart 1 verzichtet.

Einen Überblick über die Summe der laufenden Kosten und er Abschreibung, sowie der Kosten pro Kilometer verschaffen Sie sich mit der Tabelle SUMMEN.

```
┌═[SUMMEN]═══════════════════════════════════════════════════════════════╗
║      A  B      C              D         E            F            G      ║
║   1  Summe der laufenden Kosten + Abschreibung                          ║
║   2                                                                      ║
║   3  Gemäß den Eintragungen in Tabelle KOST wird die Abschreibung       ║
║   4  für   3 Monate berechnet.                                          ║
║   5                                                                      ║
║   6                            DM      km-Stand gefahrene km   Kosten/km ║
║   7  ─────────────────────────────────────────────────────────────────  ║
║   8  Summen lfd. Kosten:  1.537,14  105.600      3.600           0,427  ║
║   9  Abschreibung:        1.458,33                               0,405  ║
║  10  ─────────────────────────────────────────────────────────────────  ║
║  11  Gesamtbetrag:        2.995,47                               0,832  ║
║  12 ═══════════════════════════════════════════════════════════════════╝
```

Bild 5.3.C Summen

Formeln ersetzen Eingaben

Damit die Abschreibung laufzeitgemäß berechnet wird, müssen die Monate der Abschreibung in die Berechnungsformel eingehen.

In der Zelle D9 erfolgt diese Berechnung.

Die Eingabe der Anzahl der Monate in eine Zelle der Tabelle SUMMEN nimmt Ihnen folgende Formel ab:

```
§max(KOST.C14:KOST.C50)-§min(KOST.C14:KOST.C50)+1
```

Plazieren Sie diese Formel in den Formelhintergrund der Zelle B4. Das Ergebnis dieser Formel fügt sich dann nahtlos in den laufenden Text der Zeilen 3 und 4 ein.

Bei der Eingabe der laufenden Kosten in der Tabelle KOST haben Sie in der Spalte C den jeweiligen Monat der Kostenverursachung eingegeben.

Wenn Sie die Kosten fortlaufend vom Januar aus eingeben, reicht der erste Formelteil zur Berechnung der Monate aus:

```
§max(KOST.C14:KOST.C50)
```

Wenn Sie jedoch bei der Eintragung der Kostenbestandteile nicht mit dem Januar sondern z. B. mit dem Juli beginnen, muß der 'kleinste' Monat subtrahiert werden.

Wenn Sie Eintragungen für die Monate Juli bis September vornehmen, ist das Maximum 9, das Minimum 7. 9 abzüglich 7 ergibt 2. Also muß am Ende der Formel noch eine Eins addiert werden.

Für die weiteren Berechnungen verwenden Sie folgende Formeln:

Wert	Zelle	Formel
Summe lfd. Kosten	D8	§sum(KOST.E13:KOST.E50)
Abschreibung	D9	KOST.E4 / KOST.J4 /12 * B4
Gesamtbetrag	D11	§sum(D8:D9)
km-Stand	E8	§max(KOST.G13:KOST.G50)
gefahrene km	F8	E8 - KOST.E5
lfd. Kosten/km	G8	D8 / F8
Abschreibung/km	G9	D9 / F8
Gesamtbetrag/km	G11	D11 / F8

Kompression der Eingabe und übersichtliche Ausgabe
Programm 70: STAT

Sie haben für die Tabelle KOST die einzelnen Kosten eines KFZ bei der Eingabe nach 10 Kostenarten aufgeschlüsselt. Erstellen Sie nun ein Programm, welches die Kosten jeder dieser 10 Kostenarten pro Monat zusammenfaßt und in der **Tabelle STAT** ausgibt. Lassen Sie dabei auch die Gesamtsummen für die einzelnen Kostenarten und die einzelnen Monate ermitteln.

```
[STAT]
        A       B       C       D       E    F    G    H    I    J    K    L    M   N    O
 1 KFZ-Statistik
 3 KFZ-Nr.:   SIG WX23                   Jahr:      1990              Beträge in DM
 4
 5            Jan.   Feb.   März   April Mai  Juni Juli Aug. Sept.Okt. Nov. Dez. |Jahres-
 6            1      2      3      4    5    6    7    8    9    10   11   12     |werte
 7 ──────────────────────────────────────────────────────────────────────────────────────
 8 Benzin     52,00 215,00  140,00 0,00 0,00 0,00 0,00 0,00 0,00 0,00 0,00 0,00   407,00
 9 Öl          0,00  30,00    0,00 0,00 0,00 0,00 0,00 0,00 0,00 0,00 0,00 0,00    30,00
10 Pflege      0,00   0,00   20,00 0,00 0,00 0,00 0,00 0,00 0,00 0,00 0,00 0,00    20,00
11 Reparatur   0,00   0,00    0,00 0,00 0,00 0,00 0,00 0,00 0,00 0,00 0,00 0,00     0,00
12 Wartung     0,00   0,00    0,00 0,00 0,00 0,00 0,00 0,00 0,00 0,00 0,00 0,00     0,00
13 Reifen      0,00   0,00  614,14 0,00 0,00 0,00 0,00 0,00 0,00 0,00 0,00 0,00   614,14
14 Kasko       0,00   0,00    2,00 0,00 0,00 0,00 0,00 0,00 0,00 0,00 0,00 0,00     2,00
15 Garage      0,00   0,00    0,00 0,00 0,00 0,00 0,00 0,00 0,00 0,00 0,00 0,00     0,00
16 Haftpflicht 0,00 120,00  144,00 0,00 0,00 0,00 0,00 0,00 0,00 0,00 0,00 0,00   264,00
17 KFZ-Steuer  0,00   0,00  200,00 0,00 0,00 0,00 0,00 0,00 0,00 0,00 0,00 0,00   200,00
18 ──────────────────────────────────────────────────────────────────────────────────────
19 Summen     52,00 365,00 1120,14 0,00 0,00 0,00                              |1537,14
20 ──────────────────────────────────────────────────────────────────────────────────────
21
22 Liter Benzin  45    200    125    0    0    (    0    0    0    0    0    0   |  370,00
23 gefahrene KM 500   2000   1100    0    0    (    0    0    0    0    0    0   | 3600,00
24 ──────────────────────────────────────────────────────────────────────────────────────
25 Liter/100 KM 9,00  10,0   11,4  0,0  0,0  0,0  0,0  0,0  0,0  0,0  0,0  0,0  |   10,28
26 ══════════════════════════════════════════════════════════════════════════════════════
```

Bild 5.3.D Tabelle STAT

Grafische Darstellung des Benzinverbrauchs

In der Spalte J der Tabelle KOST sind die Verbrauchswerte je 100 km eingetragen. Das Ausmaß der Unterschiede dieser Daten läßt sich mit einer Linien-
grafik deutlich erkennen.

Zum Erstellen einer solchen Grafik ist eine Hilfstabelle erforderlich, da die erste
Spalte der Tabelle KOST eine Linie enthält, also zur Beschriftung der Grafik
nicht verwendbar ist und da außerdem die Angaben in der Spalte J nicht in einem zusammenhängenden Bereich dargestellt sind.

Erweitern Sie das Konzept 35KFZKST um die Tabelle GRAFTAB und den
Text/Leerframe KFZGRAF. Tragen Sie in den Frame GRAFTAB die folgenden Daten
aus der Tabelle KOST ein:

```
=[GRAFTAB]
             A               B              C
   1 Tankdatum      Verbrauch je 100 km
   2    28.1.              9,0
   3    4.2.               9,2
   4    6.2.              10,0
   5    10.2.             10,7
   6    2.3.               9,1
   7    3.3.              13,6
```

Bild 5.3.E Grafikdaten

Erstellen Sie die folgende Grafik.

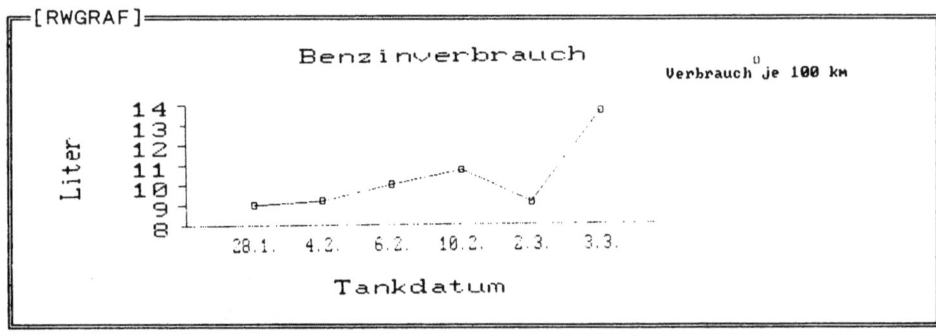

Bild 6.2.F Benzinverbrauch

Die Formel für diese Grafik lautet:

```
@DrawGraph(GRAFTAB.B2:GRAFTAB.B7,#COLUMN,#LINE,
          "Benzinverbrauch","Tankdatum","Liter"),
```

6. Finanzierung

Modell	Datei
6.1 Automatisches Laden von Programmen mit Menütechnik	36LADER
6.2 Abschreibung	37ABSCHR
6.3 Darlehenstilgung ohne Tastaturfilter	38TILG1
6.4 Darlehenstilgung mit Tastaturfilter	39TILG2
6.5 Investition	40INVEST

6.1 Automatisches Laden von Programmen mit Menütechnik   Datei: 36LADER

P r o g r a m m ü b e r s i c h t

Programm- Nummer	Programm- Name	Problemstellung
71	36LADER	Menügesteuertes Laden von Dateien
	ABSCHREIBUNG	Laden des Konzepts 73ABSCHR
	TILGUNG1	Laden des Konzepts 38TILG1
	TILGUNG2	Laden des Konzepts 39TILG2
	ENDE	Ausgang aus dem Menü

Ladeprogramm für häufig verwendete Anwendungen

Wenn Sie häufig mit bestimmten Datenbanken, Tabellen oder Programmen arbeiten, können Sie das Laden vereinfachen, indem Sie dazu ein Programm verwenden.

Für dieses Ladeprogramm bietet sich die FRAMEWORK-Menü-Technik an. Zu Demonstrationszwecken werden hier unterschiedliche Formen der Menü-Technik verwendet.

Sie können mit dem Programm 36LADER die Anwendung 37ABSCHR von der Diskette laden. Danach wird das Menü verlassen, damit Sie diese Anwendung anschließend bearbeiten können.

Ein anderer Weg wird mit dem Laden der Anwendungen 38TILG1 und 39TILG2 beschritten. Hierbei laden Sie über das Hauptmenü des Programms 36LADER eine der beiden Anwendungen. Sie gelangen in ein Untermenü und können dort jeweils zwischen der Annuitäten- und der Darlehenstilgung wählen.

Im Gegensatz zum Laden der **Datei 37ABSCHR** bleiben Sie dabei programmtechnisch im Menü, während Sie die gewählte Tabelle anschauen. Sie können zum Betrachten dieser Tabelle die Pfeiltasten verwenden. Mit der <Esc>-Taste gelangen Sie zum Menü zurück.

Tastaturfilter zum Ausfiltern von Eingabefehler

In den Tabellen zur Darlehenstilgung darf der Anwender nur die verlangten numerischen Eingabedaten eintippen. Mit einem Tastaturfilter verhindern Sie nichtnumerische Eingaben. Sobald eine nichtnumerische Taste gedrückt wird, erscheint eine Fehlermeldung. Diese Anwendung mit Tastaturfilter finden Sie im **Konzept 39TILG2**.

Realisation dieses Programms
Programm 71: 36LADER

```
┌─[36LADER]═══════════════════════════════════════════════════════════┐
║  1   ABSCHREIBUNG                                                     ║
║  2   TILGUNG1                                                         ║
║  3   TILGUNG2                                                         ║
║  4   ENDE                                                             ║
╚══════════════════════════════════════════════════════════════════════╝
```

Bild 6.1.A Konzeptstruktur des Ladeprogramms

Verwenden Sie für die vier Elemente des **Konzepts 36LADER** Leerframes und tragen Sie in den Formelhintergrund des **Frames 36LADER** folgende Befehle ein:

```
;Start mit Taste <F5>                                        ; 1
§menu(36LADER)                                               ; 2
```

Kommentar zur Codierung

Der erste Befehl weist den Anwender darauf hin, daß das Konzept mit der Taste <F5> neu berechnet werden muß. Der zweite Befehl aktiviert das Menü.

Die Funktion §menu

Syntax: §menu(Konzeptname)
Beispiel: §menu(36LADER)

Die Funktion §menu zeigt das angegebene Konzept mit einer Folge von Menübildschirmen an. Die Namen der Unterframes werden als Gliederungspunkte im Menü verwendet.

Der Inhalt eines Frames ohne Unterframe erscheint als Nachricht am unteren Bildschirmrand, also **horizontal**, sobald die Position bei der Menüwahl markiert ist. Voraussetzung dafür ist, daß Sie im Menü *Frames* den Punkt 'Durchnumerieren der Frames' auf 'Ja' eingestellt haben. Während dieser Einstellung muß sich der Cursor auf dem Rand des Konzept-Frames befinden. Der bisherige Inhalt des Bildschirms wird **ausgeblendet** mit Ausnahme der Uhr im rechten oberen Bildschirmrand.

Wenn Sie die Frames des Menü-Konzepts nicht durchnumerieren lassen, erscheinen die Auswahlpunkte des Menüs **vertikal** über die ganze Bildschirmfläche verteilt. Nur der Kommentar zum jeweiligen Menüpunkt erscheint am unteren Rand der Bildschirmfläche. Der bisherige Bildschirminhalt wird **nicht ausgeblendet**.

Teilframes des Konzepts 36LADER

Die Unterframes im **Konzept 36LADER** haben die Aufgabe, die jeweilige Anwendung zu laden: Der Frame **ABSCHREIBUNG** lädt das **Konzept 37ABSCHR, TILGUNG1** lädt **38TILG1** und **TILGUNG2** das **Konzept 39TILG2.**

Menütexte

In den **Vordergrund** der Unterframes eines Menüs geben Sie Texte ein, die bei Anwahl des jeweiligen Menüpunkts auf dem Bildschirm als Kommentar erscheinen.

Reihenfolge beim Bearbeiten der Menü-Unter-Frames

Beim Erstellen eines Menüs müssen Sie beachten, daß Sie zuerst die kommentierenden Texte zu den einzelnen Menüpunkten in die Textframes eintragen. Erst danach dürfen Sie die jeweiligen Ladebefehle in den Formelhintergrund eintragen.

Wenn Sie umgekehrt verfahren, also zuerst die Programme in den Formelhintergrund schreiben, können Sie keine Texte mehr in den Vordergrund schreiben. Dies ist eine Eigenart von FRED.

Texte für die Menüwahl

Tragen Sie folgende Kommentare in die Textframes ein:

Textframe	Text
ABSCHREIBUNG	Degressive Abschreibung mit Übergang zur linearen
TILGUNG1	Annuitäten- u. Darlehenstilgung *ohne* Tastaturfilter
TILGUNG2	Annuitäten- u. Darlehenstilgung *mit* Tastaturfilter
ENDE	Ende des Menüs

Zum Laden des **Programmes 37ABSCHR** tragen Sie in den Formelhintergrund des **Frames ABSCHREIBUNG** folgendes Programm ein:

```
§echo(#off),                                      ; 1
§pk("{Ctrl-L}H" & "37ABSCHR.FW3"& "{Return}"),    ; 2
§setselection("[37ABSCHR].ABTAB.A1"),             ; 3
§quitmenu,                                         ; 4
§echo(#on)                                         ; 5
```

Kommentar zur Codierung

Mit dem ersten Befehl schalten Sie die Wiedergabe der Tastatureingaben auf dem Bildschirm ab. Wenn eine Auswahl des FRAMEWORK-Standardmenüs programmgesteuert vorgenommen wird, ist eine Anzeige der jeweiligen Auswahl nicht nötig. Sie führt im Gegenteil zu einer Unruhe in der Bildschirmführung.

Der zweite Befehl lädt das Konzept 37ABSCHR.

Mit dem dritten Befehl stellen Sie den Cursor in die Zelle A1 der Tabelle ABTAB. Mit dem Befehl §quitmenu verlassen Sie die Menüsteuerung.

Der fünfte Befehl schaltet die Bildschirmanzeige wieder an.

Die Funktion §echo off

> *Syntax:* §echo(#off)
>
> *Beispiel:* §echo(#off)

Die Funktion §echo(#off) schaltet die Wiedergabe der Tastatureingaben auf dem Bildschirm aus.

Die Funktion §echo on

> *Syntax:* §echo(#on)
>
> *Beispiel:* §echo(#on)

Die Funktion §echo(#on) schaltet die Wiedergabe der Tastatureingaben auf dem Bildschirm wieder ein, nachdem zuvor die Funktion §echo(#off) verwendet worden ist.

Die Funktion §quitmenu

> *Syntax:* §quitmenu
>
> *Beispiel:* §quitmenu

Die Funktion §quitmenu bewirkt den Ausstieg aus einem Menü.

Zum Laden des Konzepts 38TILG1 geben Sie in den Formelhintergrund des Frames **TILGUNG1** ein:

```
§echo(#off),                                              ; 1
§pk("{Ctrl-L}H" & "38TILG1.FW3"& "{Return}"),             ; 2
§echo(#on),                                               ; 3
§[38TILG1],                                               ; 4
§delete("[38TILG1]")                                      ; 5
```

Kommentar zur Codierung

Im Gegensatz zum Ladeprogramm ABSCHREIBUNG verlassen Sie das Menü nicht. Mit dem Befehl 4 lösen Sie die Neuberechnung der Anwendung 38TILG1 aus. Sie können diese Anwendung betrachten und dabei die Pfeiltasten verwenden.

Nachdem Sie diese Anwendung durch Betätigen der <Esc>-Taste verlassen haben, wird das Programm mit dem Abarbeiten von Befehl 5 weitergeführt, d. h. das **Konzept 38TILG1** wird vom Bildschirm gelöscht.

Das **Konzept 39TILG2** können Sie laden, wenn Sie in den Formelhintergrund des **Frames TILGUNG2** folgende Befehle eingegeben haben:

```
§echo (#off),                                             ; 1
§pk("{Ctrl-L}H" & "39TILG2.FW3"& "{Return}"),§[39TILG2],  ; 2
§echo(#on),                                               ; 3
§delete("[39TILG2]")                                      ; 4
```

Kommentar zur Codierung

Das Programm TILGUNG2 ist analog dem Programm TILGUNG1 aufgebaut. Sie benötigen noch den Befehl für das letzte Unterprogramm des Frames 36LADER, den Frame ENDE, mit dem Sie das Menü beenden können. Tragen Sie in den Formelhintergrund des Frames ENDE ein:

```
§quitmenu                                                 ; 1
```

Dieser Befehl wurde bereits erläutert im Zusammenhang mit dem programmgesteuerten Ausstieg aus dem Menü beim Laden des Konzepts 37ABSCHR.

6.2 Abschreibung   Datei: 37ABSCHR

P r o g r a m m ü b e r s i c h t

Programm- Nummer	Programm- Name	Problemstellung
72	ABTAB	Zellenorientiertes Programm zur linearen und degressiven Abschreibung mit Übergang und zur kalkulatorischen Abschreibung

Bauen Sie das **Konzept 37ABSCHR** wie folgt auf:

```
┌─[37ABSCHR]══════════════════════════════════════════════╗
│   1    ABTAB                                             ║
│   2    HILFTAB                                           ║
│   3    RWGRAF                                            ║
│   4    ABGRAF                                            ║
╚═════════════════════════════════════════════════════════╝
```

Bild 6.2.A Konzeptstruktur zur Abschreibung

Bei den mit TAB endenden Framenamen handelt es sich um Tabellen, bei den restlichen um Leerframes.

Zellen-orientiertes Programm ohne Fehlerhinweise

Das Programm Abschreibung realisieren Sie, indem Sie die einzelnen Befehle des Programms exakt in den Zellen ablegen, in denen sie zur Anwendung kommen.

Da Sie für jedes Jahr der Abschreibung eine Zeile der Tabelle verwenden und die Anzahl der Abschreibungsjahre je nach Eingabe unterschiedlich ist, wird jeweils eine **unterschiedliche Anzahl von Zeilen** ausgefüllt.

Damit die Berechnung über eine unterschiedliche Anzahl von Jahren durchgeführt werden kann, müssen **alle** Zeilen der Tabelle mit den Formeln versehen sein.

Da nun aber je nach Berechnung nur ein Teil der Zeilen Ergebnisse enthält, tauchen bei den übrigen Zellen Fehlerhinweise auf, die darauf hinweisen, daß hier keine Daten eingegeben worden sind.

Diese Fehlerhinweise sind bei vielen Aufgabenstellungen nützlich. Sie zeigen dem Anwender, daß noch Lücken bei der Eingabe bestehen.

In der vorliegenden Anwendung sind sie jedoch störend. Sie werden deshalb programmtechnisch entfernt.

Es würde insbesondere folgender Fehlerhinweis erscheinen:

```
#VALUE!, #N/A! und #FALSE
```

Wenn Sie das folgende Beispiel der Tabelle ABTAB betrachten, stellen Sie fest, daß die Spalten von A bis N nicht lückenlos aufgeführt sind. Es fehlen die Spalten C, E, G, I, K und M. Sie enthalten die Formeln, welche die Anzeige von Fehlern verhindern. Diese Spalten wurden auf eine Breite von 0 Stellen verkleinert.

Abschreibungstabelle ABTAB

Programm 72:

```
=[ABTAB]====================================================================
    A  B    D        F              H          J              L        N
    1  Degressive AfA mit Übergang zur linearen Rest-AfA
    2  und kalkulatorische Abschreibung
    3
    4  Nutzungsdauer in Jahren ....:         6 <---        Bitte
    5  Anschaffungswert in DM .....: 78.000,00 <---
    6  Schrottwert in DM ..........:  1.400,00 <---        eingeben!
    7  Wiederbeschaffungswert in DM: 86.000,00 <---
    8
    9  Abschr.linear (Faktor) .....: 0,16667
   10  Abschr.degressiv (Faktor) ..: 0,30000
   11
   12  Jahr  Rest-        bilanzielle AfA            kalkulatorische
   13        Jahre    linear       degressiv        Abschreibung
   14                 DM           DM                DM
   15
   16    1    6       78.000,00    78.000,00              86.000,00
   17                 12.766,67    23.400,00              14.100,00
   18
   19    2    5       65.233,33    54.600,00              71.900,00
   20                 12.766,67    16.380,00              14.100,00
   21
   22    3    4       52.466,67    38.220,00              57.800,00
   23                 12.766,67    11.466,00              14.100,00
   24
   25    4    3       39.700,00    26.754,00              43.700,00
   26                 12.766,67     8.451,33 linear v.RW  14.100,00
   27
   28    5    2       26.933,33    18.302,67              29.600,00
   29                 12.766,67     8.451,33 linear v.RW  14.100,00
   30
   31    6    1       14.166,67     9.851,33              15.500,00
   32                 12.766,67     8.451,33 linear v.RW  14.100,00
   33
   34    7    0        1.400,00     1.400,00               1.400,00
   37
   38
   39
```

Bild 6.2.B Abschreibungstabelle

Erläuterung der Abschreibungstabelle

Wie in der Tabelle angegeben, erfolgen die Eingaben im Bereich H4:H7.

Im Beispiel wurde eine **Nutzungsdauer** von 6 Jahren angegeben. Der Schrottwert wird deshalb im 7. Jahr ausgegeben.

Die Tabelle erlaubt eine Nutzungsdauer bis über 10 Jahre.

Die bilanzielle Abschreibung wird der kalkulatorischen gegenübergestellt.

Bei der bilanziellen Abschreibung wird zunächst **degressiv** mit dem z. Zt. zulässigen Höchstsatz von 30 % abgeschrieben. Dieser Prozentsatz beträgt maximal das dreifache des linearen Satzes.

Wenn die lineare Abschreibung vom jeweiligen Abschreibungsrestwert größer ist als die entsprechende degressive Abschreibung, erfolgt der **Übergang** auf die lineare Abschreibung.

Formeln in der Abschreibungstabelle ABTAB

Tragen Sie die Formeln in die Tabelle ABTAB ein, welche die Ausgabewerte berechnen. Die Formeln zum Löschen der Fehlerhinweise geben Sie erst später ein.

Die Berechnung der **Abschreibungssätze** nehmen Sie mit folgenden Formeln vor:

Wert	Zelle	Formel
Prozentsatz der linearen Abschreibung	H9	1 / H4
Prozentsatz der degressiven Abschreibung	H10	§IF(3/H4 < 0.3,3 / H4,0.3)

Kommentar zur Formel in der Zelle H10

Falls das dreifache des linearen Satzes kleiner als 30 % ist, gilt das dreifache des linearen Satzes, sonst beträgt der Abschreibungssatz 30 %.

Anfangswert in Spalte B

Zunächst müssen Sie in der Spalte B den Anfangswert setzen. Dies geschieht durch Eingabe einer 1 für die Angabe des Jahres in der Zelle B16.

Weitere Formeln

Die Ergebnisse berechnen Sie mit folgenden Formeln:

Wert	Zelle	Formel
Nutzungsdauer	D16	H4
Anschaffungswert	F16	H5
Anschaffungswert	H16	H5
Wiederbeschaffungswert	L16	H7
lineare Abschreibung in DM	F17	(H5 - H6) / H4
degressive Abschreibung in DM	H17	H16 * H10
kalkulat. Abschreibung in DM	L17	(H7 - H6) / H4
Jahr	B19	§if(B16 < H$4 + 1,B16 + 1)
Anzahl der Restjahre	D19	§if(D16 > 0,D16 - 1)
Restwert lineare AfA	F19	F16 - F17
lineare AfA	F20	§IF(F19 < F$17," ",F$17)
Degressive AfA in DM	H20	§IF((H19 - H$6) / D19 > H19 * H$10, (H19 - H$6) / D19,H19 * H$10)
Text 'linear vom Restwert'	J20	§IF((H19 - H$6) / D19 > H19 * H$10, "linear v.RW"," ")
Betrag der kalk. Abschreibung	L20	§IF(§or(L19 < L$17,L19 =" ")," ",L$17)

Kommentare zu den Formeln

Lineare Abschreibung in DM

Der Schrottwert wird vom Anschaffungswert subtrahiert. Das Ergebnis wird durch die Anzahl der Nutzungsjahre dividiert.

Jahr

Diese Formel ist zum Kopieren vorbereitet. Deshalb enthält Sie die Zeilenangabe der Adresse der Nutzungsjahre in absoluter Schreibweise. (H$4) Nur solange der vorausgehende Jahreszahl kleiner ist als die Summe aus Nutzungsdauer in Jahren + 1, wird das Jahr eingetragen.

Anzahl der Restjahre

Falls in der vorausgehenden Zelle zur Angabe der Restjahre eine Zahl größer als 0 enthalten ist, erfolgt die Angabe der Restjahre.

Restwert lineare AfA

Kopieren Sie die Formel aus der Zelle F19 in die Zelle H19 und in die Zelle L19.

lineare AfA

Wenn der Restwert kleiner ist als der Betrag der linearen Abschreibung, erfolgt kein Eintrag, sonst wird der Betrag der linearen Abschreibung aus der Zelle F17 kopiert.

Degressive AfA in DM

Vom Restbetrag wird der Schrottwert subtrahiert. Das Ergebnis wird durch die Anzahl der restlichen Nutzungsjahre dividiert. Es wird also der Betrag der linearen Rest-AfA ermittelt.

Ist dieses Ergebnis größer als das Produkt aus Restwert und Satz der degressiven Abschreibung, wird linear vom Restwert, sonst degressiv abgeschrieben.

Betrag der kalkulatorischen Abschreibung

Wenn der Restwert kleiner ist als der Betrag der linearen Abschreibung oder wenn überhaupt kein Restwert mehr eingetragen ist, erfolgt kein Eintrag, sonst wird der Betrag der linearen Abschreibung kopiert.

Kopieren von Formeln

Kopieren Sie diese Formeln nach unten und zwar die Formeln aus der Zeile 19 in die Zeilen mit ungeraden Zeilennummern und die Formeln aus Zeile 20 in die Zeilen mit geraden Zeilennummern.

Unterdrücken von Fehleranzeigen

Jetzt geben Sie die Formeln ein, die verhindern, daß eine Fehleranzeige erfolgt.

Zelle	Formel
E19	§if(D19 = #FALSE, D19 := " ")
G19	§if(F19 = #VALUE!, F19 := " ")
I19	§if(H19 = #VALUE!, H19 := " ")
M19	§if(§or(L19 = #VALUE!, L19 = 0), L19 := " ")
K20	§if(J20 = #N/A!, J20 := " ")
M20	§if(§or(L20 = #VALUE!, L20 = 0), L20 := " ")

Kopieren Sie die vier ersten Formeln nach unten in die Zeilen mit ungeraden und die folgenden beiden Formeln in die Zeilen mit geraden Zeilennummern.

Grafiken verdeutlichen die Abschreibungsmethoden

Um den Unterschied der Methoden der linearen und der degressiven Abschreibung klar ersichtlich zu machen, erstellen Sie zwei Liniengrafiken.

Die erste zeigt die Abschreibungsrestwerte und die zweite die Abschreibungsbeträge der einzelnen Jahre.

Für diese Grafiken benötigen Sie eine Hilfstabelle mit speziellen Grafikdaten.

Grafikhilfsdaten in der Tabelle HILFTAB

```
=[HILFTAB]==================================================================
        A           B            C             D              E
  1   Jahr      linear       degressiv      lineare        degressive
  2             v. Restwert  v.Restwert     Abschreibung   Abschreibung
  3    1        78.000,00    78.000,00      12.766,67      23.400,00
  4    2        65.233,33    54.600,00      12.766,67      16.380,00
  5    3        52.466,67    38.220,00      12.766,67      11.466,00
  6    4        39.700,00    26.754,00      12.766,67       8.451,33
  7    5        26.933,33    18.302,67      12.766,67       8.451,33
  8    6        14.166,67     9.851,33      12.766,67       8.451,33
  9    7         1.400,00     1.400,00
```

Bild 6.2.C Tabelle mit Grafikdaten

Sie gewinnen diese Daten aus der **Tabelle ABTAB**, indem Sie daraus den Bereich F16:G34 in die Spalten B und C der Tabelle HILFTAB kopieren. Sie müssen nur noch die Zeilen mit den nicht benötigten Daten löschen.

Für die Spalte D kopieren Sie einmal den Betrag der linearen Abschreibung aus der Quelltabelle und in der Zieltabelle nach unten.

Den Inhalt von Spalte E können Sie analog den Restwerten gewinnen. Dazu benötigen Sie allerdings eine weitere Hilfstabelle, aus der Sie anschließend die Daten in die Zieltabelle kopieren.

Stellen Sie die Abschreibungsrestwerte mit der **Grafik RWGRAF** dar.

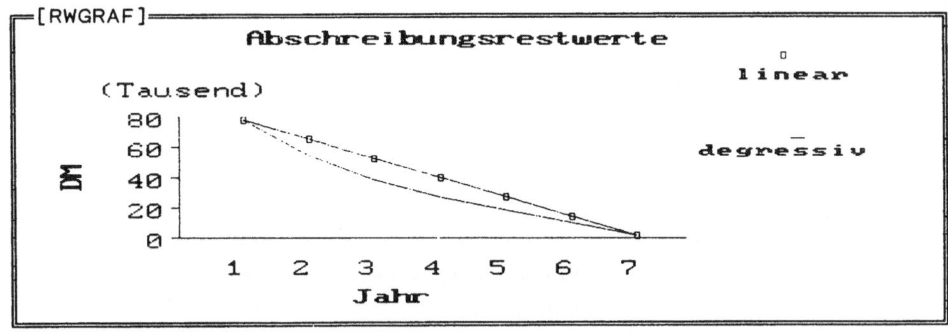

Bild 6.2.D Abschreibungsrestwerte

Die Formel für diese Grafik lautet:

```
@DrawGraph(HILFTAB.B3:HILFTAB.B9,#COLUMN,#LINE,
        "Abschreibungsrestwerte","Jahre","DM"),
@DrawGraph(HILFTAB.C3:HILFTAB.C9,#COLUMN,#UNMARKEDLINES)
```

Sie können deutlich erkennen, daß die Restwerte bei der degressiven Methode, die mit der linearen Restwert-AfA kombiniert ist, unter denen der rein linearen Methode liegen.

Mit der **Grafik ABGRAF** stellen Sie die Abschreibungsbeträge dar:

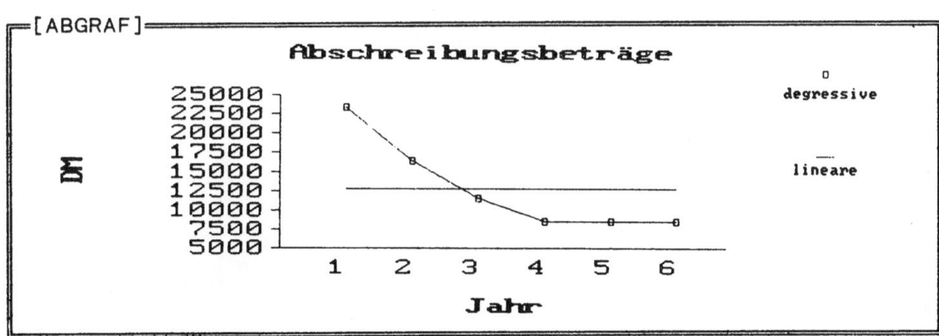

Bild 6.2.E Abschreibungsbeträge

Die Grafikformel lautet:

```
@DrawGraph(HILFTAB.E3:HILFTAB.E8,#COLUMN,#LINE,
        "Abschreibungsbeträge","Jahr","DM"),
@DrawGraph(HILFTAB.D3:HILFTAB.D8,#COLUMN,#UNMARKEDLINES)
```

6.3 Darlehenstilgung ohne Tastaturfilter   Datei: 38TILG1

Programmübersicht

Programm-Nummer	Programm-Name	Problemstellung
73	UNTERMENÜ	Menügesteuerte Auswahl der Annuitäten- bzw. der Ratentilgung. Das Konzept 36LADER enthält das Hauptmenü
74	ANNTI	Annuitätentilgung
75	RATTI	Ratentilgung

Bei der Abschreibungsproblematik haben Sie das Programm dezentral angeordnet, indem Sie die Befehle in die jeweiligen Zellen abgelegt haben.

Bei der Darlehenstilgung gehen Sie den umgekehrten Weg. Sie programmieren also nicht zellen- sondern frame-orientiert. Das komplette Programm kommt in den Formelhintergrund eines einzigen Frames. Dazu verwenden Sie jedoch keinen Text-, sondern einen Kalkulationsframe.

Menügesteuerte Auswahl der Tilgungsarten

Die Annuitäten- und die Ratentilgung sollen menügesteuert gewählt werden können.

Wenn Sie zuvor das Ladeprogramm gestartet haben, führt Sie das Lademenü zur Darlehenstilgung. Das in der Darlehenstilgung eingebaute Menü übernimmt danach die Programmkontrolle.

Wenn Sie Ihre Arbeiten zur Darlehenstilgung beendet haben, verlassen Sie diese Anwendung menügesteuert. Das Ladeprogramm löscht anschließend diese Anwendung aus dem Hauptspeicher.

Entwickeln Sie folgendes Konzept zur Darlehenstilgung.

```
=[38TILG1]=====================================================
    1 Untermenü
      1.1 Annuitätentilgung
      1.2 Ratentilgung
      1.3 Ende der Bearbeitung
    2 ANNTI
    3 RATTI
```

Bild 6.3.A Konzeptstruktur zur Darlehenstilgung ohne Tastaturfilter

Bei den Punkten 1.1 bis 1.3 handelt es sich um Textframes, bei den Punkten 2 ANNTI und 3 RATTI um Tabellenframes.

Programm 73: Untermenü

Aktivierung des Untermenüs

Tragen Sie in den Formelhintergrund des umfassenden **Frames 38TILG1** diese beiden Zeilen zur Aktivierung des Untermenüs ein:

```
;Start mit <F5>,                                                    ; 1
§menu([38TILG1].Untermenü)                                          ; 2
```

Texte zur Menüwahl

Danach geben Sie Kommentare zu den einzelnen Auswahlpunkten in folgende Textframes ein:

Frame	Text
Annuitätentilgung	Konstante Jahresbeträge aus Zins u. Tilgung
Ratentilgung	Konstante jährliche Tilgungsbeträge
Ende der Bearbeitung	Sie verlassen das Untermenü

Formeln in den Frames zur Menüwahl

In den Formelhintergrund dieser Frames tragen Sie die Befehle ein:

Frame	Befehle
Annuitätentilgung	§setselection("[38TILG1].ANNTI.A1"), §ANNTI
Ratentilgung	§setselection("[38TILG1].RATTI.A1"), §RATTI
Ende der Bearbeitung	§quitmenu

Das Programm im Formelhintergrund der Tabelle ANNTI zur Annuitätentilgung erzeugt folgenden Tabelleninhalt:

```
[ANNTI]
      A         B          C         D        E        F          G
 1 Tilgungsplan mit Annuitätentilgung
 2
 3 Kredithöhe:       120.000 DM
 4 Zinssatz:              7 %
 5 Laufzeit:             14 Jahre
 6
 7 Jahr Kredithöhe Zinsen    Tilgung  Annuität Restkredit Gesamtzins
 8 ─────────────────────────────────────────────────────────────────
 9 1990 120000,00  8400,00   5321,39 13721,39  114678,61    8400,00
10 1991 114678,61  8027,50   5693,89 13721,39  108984,72   16427,50
   .
21 2002  24808,53  1736,60  11984,80 13721,39   12823,73   71201,84
```

Bild 6.3.B Beispiel zur Annuitätentilgung

Programm 74: ANNTI zur Annuitätentilgung

Den Programmcode finden Sie auf der Anwenderdiskette.

Programm 75: RATTI zur Ratentilgung

```
[RATTI]
        A           B          C          D          E          F          G
  1 Tilgungsplan mit Ratentilgung
  2
  3 Kredithöhe:        30.000 DM
  4 Zinssatz:               8 %
  5 Laufzeit:               6 Jahre
  6
  7 Jahr Kredithöhe Zinsen    Tilgung   Annuität Restkredit Gesamtzins
  8 ─────────────────────────────────────────────────────────────────
  9 1990   30000,00  2400,00  5000,00   7400,00   25000,00   2400,00
 10 1991   25000,00  2000,00  5000,00   7000,00   20000,00   4400,00
 11 1992   20000,00  1600,00  5000,00   6600,00   15000,00   6000,00
 12 1993   15000,00  1200,00  5000,00   6200,00   10000,00   7200,00
 13 1994   10000,00   800,00  5000,00   5800,00    5000,00   8000,00
 14 1995    5000,00   400,00  5000,00   5400,00       0,00   8400,00
```

Bild 6.3.C Beispiel zur Ratentilgung

Sie können den Programmcode der zum Buch mitgelieferten Diskette entnehmen.

6.4 Darlehenstilgung mit Tastaturfilter   Datei: 39TILG2

Programmübersicht

Programm- Nummer	Programm- Name	Problemstellung
76	FILTER	Anwendung von Tastaturfiltern
77	UNTERMENÜ	Menügesteuerte Auswahl der Annuitäten- bzw. der
	PROGRAMME	Ratentilgung.
	MIT FILTER	
		Das Konzept 36LADER enthält das Hauptmenü
78	ANNTI	Annuitätentilgung
79	RATTI	Ratentilgung

Das **Modell 39TILG2** entspricht weitgehend dem Modell 38TILG1. Fertigen Sie deshalb eine Kopie des Modells 38TILG1 an und ändern Sie in der Kopie den Namen des Konzepts ab in **39TILG2**.

Erweitern Sie das Konzept so, daß sich folgende Konzeptstruktur ergibt:

```
=[39TILG2]================================================
    1 FILTER
      1.1 FILTERAN
      1.2 FEHLER
      1.3 NUM
      1.4 FILTEREND
    2 Untermenü Programme mit Filter
     2.1 Annuitätentilgung
     2.2 Ratentilgung
     2.3 Ende der Bearbeitung
    3 ANNTI
    4 RATTI
```

Bild 6.4.A Konzeptstruktur zur Darlehenstilgung mit Tastaturfilter

Programm 76: FILTER

Zur Menüsteuerung und zum Ein- und Ausschalten der Tastaturfilter schreiben Sie folgende Programmzeilen in den **Formelhintergrund** des umfassenden Frames 39TILG2:

```
;Start mit <F5>,                                          ; 1
§[39TILG2].FILTER.FILTERAN,                               ; 2
§menu([39TILG2].[Untermenü Programme mit Filter]),        ; 3
§[39TILG2].FILTER.FILTEREND                               ; 4
```

Mit dem **Programm FILTERAN** bauen Sie die Tastaturfilter auf:

```
§keyfilter({all},FILTER.FEHLER),                          ; 1
§keyfilter({esc}),                                        ; 2
§keyfilter({char},FILTER.NUM),                            ; 3
§keyfilter({Return}),                                     ; 4
§keyfilter({backspace}),                                  ; 5
§keyfilter({del})                                         ; 6
§keyfilter({leftarrow}),                                  ; 7
§keyfilter({rightarrow}),                                 ; 8
§keyfilter({uparrow}),                                    ; 9
§keyfilter({dnarrow}),                                    ;10
§keyfilter({pgup}),                                       ;11
§keyfilter({pgdn}),                                       ;12
```

Kommentar zur Codierung

In Zeile 1 wird die Tastatur ausgeschaltet und zum **Programm FEH-LER** verzweigt.

Sie wollen numerische Eingaben für die Kredithöhe, den Zinssatz, die Laufzeit und das erste Jahr der Laufzeit zulassen. Deshalb schicken Sie alle Tasten, die zu den gewöhnlichen Eingabetasten gehören zum Programm NUM. Die numerischen Tasten können Sie nicht als einzelne Gruppe filtern. Mit diesem dritten Befehl haben Sie wieder alle gewöhnlichen Tasten zugelassen. Die übrigen Tasten sind jedoch noch lahmgelegt, z. B. die Funktionstasten und die Pfeiltasten.

Um nach dem Betrachten der Tilgungstabellen wieder zum Menü zurückzukehren, verwenden Sie die Taste <Esc>. Auch diese ist durch Zeile 1 gesperrt. Sie wird in Zeile 2 wieder zugelassen.

Zum Editieren der Eingaben brauchen Sie eine Reihe von Tasten. Diese sind einzeln wieder zugelassen in den Zeilen 4 bis 8.

Die Tasten gemäß Zeilen 9 bis 12 benötigen Sie zum Betrachten der Tilgungstabellen.

Abweisung nichtnumerischer Eingaben mit dem Programm NUM

```
§if(                                         ; 1
  §or(                                       ; 2
    §and(§key>={0},§key<={9}),               ; 3
    §key={.}                                 ; 4
  ),                                         ; 5
  §pk(§keyname(§key)),                       ; 6
  §FEHLER                                    ; 7
)                                            ; 8
```

Anzeige von Eingabefehlern mit dem Programm FEHLER

```
§beep,                                       ; 1
§eraseprompt,                                ; 2
§prompt("Taste nicht aktiv",30),             ; 3
§beep(20,100),                               ; 4
§eraseprompt                                 ; 5
```

Mit dem Programm FILTEREND wird der Tastaturfilter außer Kraft gesetzt:

```
§keyfilter({all})                                                    ; 1
```

Programm 77 - 79: Sie finden diese Programme auf der Anwenderdiskette.

Unterschiede der Modelle 38TILG1 und 39TILG2

Die übrigen Teile des Modells entsprechen denen von 38TILG1 mit 2 kleinen Änderungen:

Der Name des zweiten Teils des Konzepts Untermenü wurde erweitert in *'Untermenü Programme mit Filter'*.

Außerdem wurde die Formel zur Berechnung der Annuität vereinfacht:

Im Modell 38TILG1 wurden im Programm ANNTI folgende Befehle verwendet:

```
Potenz := (1 + Zinssatz / 100)^Laufzeit,                             ;13
Annuität := Kredit * (Potenz * Zinssatz / 100) / (Potenz - 1),      ;14
```

Diese beiden Befehle können Sie durch den folgenden ersetzen:

```
Annuität:=§pmt(Kredit,Zinssatz/100,Laufzeit),                       ;13
```

Die Funktion §pmt

> *Syntax:*   §pmt(Kreditbetrag, Zinsfuß, Anzahl Perioden)
> *Beispiel:* §pmt(Kredit, Zinssatz/100, Laufzeit)

Die Funktion §pmt ermittelt die Höhe der Annuität zur Rückzahlung eines Kredits bei Vorgabe von Kreditbetrag, Zinsfuß und Anzahl der Tilgungsperioden.

6.5 Investition   Datei: 40INVEST

Programmübersicht

Programm-Nummer	Programm-Name	Problemstellung
80	KAPITAL	Kapitalinvestitionen: Zukunftswert von Zahlungen
81	SACH	Sachinvestitionen: Gegenwartswert künftiger Erträge
82	INTERN	Interner Zinsfuß von Investitionen

Im **Modell 39TILG2** wird die finanzmathematische Funktion §pmt zur Berechnung von Tilgungsraten eingesetzt. Im Programm 18 (NEST2TAB im Modell 26ZYKLUS) berechnet die Funktion §fv den zukünftigen Wert von Zahlungen.

Im Modell 40INVEST setzen Sie die Funktion §fv ebenfalls ein. Sie geben eine bestimmte Zahlung und einen bestimmten Zinssatz vor und erhalten den Zukunftswert.

Sie verwenden in diesem Modell vier weitere finanzmathematische Funktionen.

Erstellen Sie ein Konzept aus Kalkulationsframes mit folgender Struktur:

```
=[40INVEST]==========================================
    1   KAPITAL
    2   SACH
    3   INTERN
```

Bild 6.5.A Konzeptstruktur

Das erste Teilkonzept mit dem Namen KAPITAL beschäftigt sich mit Kapitalinvestitionen.

Kapitalinvestitionen: Zukunftswert von Zahlungen
Programm 80: KAPITAL

Das Teilkonzept KAPITAL löst zwei Probleme in einer Tabelle:

```
=[KAPITAL]==================================================
                    A                   B               C
   1 K a p i t a l i n v e s t i t i o n e n
   2
   3 Endwert bei einer einmaligen Einzahlung
   4 zu Beginn des ersten Jahres
   5
   6 Einzahlungsbetrag....:        20.000,00 DM
   7 Zinssatz.............:             8,0
   8 Anlagedauer in Jahren:            40
   9
  10 Endwert..............:       434.490,43 DM
```

Bild 6.5.B Endwert einer einmaligen Einzahlung

Der Endwert in der Zelle B10 wird mit folgender Formel berechnet:

```
B6 * (1 + B7 / 100)^B8
```

```
┌─[KAPITAL]════════════════════════════════════════════════════╗
║                    A                      B              C     ║
║ 12 Endwert bei konstanten Einzahlungsbeträgen                 ║
║ 13 am Ende des jeweiligen Jahres                              ║
║ 14                                                            ║
║ 15 Einzahlungsbetrag....:          3.000,00 DM               ║
║ 16 Zinssatz.............:                  8,0               ║
║ 17 Anlagedauer in Jahren:                   35               ║
║ 18                                                            ║
║ 19 Endwert.............:          516.950,41 DM             ║
╚══════════════════════════════════════════════════════════════╝
```

Bild 6.5.C Endwert mehrerer Einzahlungen

Im Formelhintergrund der Zelle B19 steht die Formel·

```
§fv(B15,B16 / 100,B17)
```

Sachinvestitionen: Gegenwartswert künftiger Erträge
Programm 81: SACH

Dieses Teilkonzept enthält Funktionen zur Investitionsrechnung.

```
┌─[SACH]══════════════════════════════════════════════════════════════╗
║     A          B          C       D            E             F        ║
║                                                                       ║
║  1 S a c h i n v e s t i t i o n e n                                  ║
║  2                                                                    ║
║  3 Gegenwartswert regelmäßig zu zahlender gleichbleibender Raten      ║
║  4  ┌──────────────────────┬──────────────────┐                      ║
║  5  │ Rate                 │    2.000,00 DM   │                      ║
║  6  ├──────────────────────┼──────────────────┤                      ║
║  7  │ Kalkulationszinssatz │           5,0    │                      ║
║  8  ├──────────────────────┼──────────────────┤                      ║
║  9  │ Perioden             │            10    │                      ║
║ 10  ├──────────────────────┼──────────────────┤                      ║
║ 11  │ Gegenwartswert       │   15.443,47 DM   │                      ║
║ 12  └──────────────────────┴──────────────────┘                      ║
╚═══════════════════════════════════════════════════════════════════════╝
```

Bild 6.5.D Konstante Raten

Die Formel zur Berechnung des Gegenwartswertes in der Zelle D11
lautet:

```
§pv(D5,D7 / 100,D9)
```

Die Funktion §pv

Syntax: §pv(Rate, Kalkulationszinsfuß, Perioden)
Beispiel: §pv(D5,D7/100,D9)

Die Funktion §pv berechnet den Barwert gleichbleibender, regelmäßiger Ratenzahlungen auf ein Darlehen oder zur Rückzahlung aus einer Investition. Die Ratenzahlungen erfolgen am letzten Tag einer Periode.

Die zweite Anwendung im Teilkonzept SACH enthält unterschiedliche Erträge:

```
┌[SACH]════════════════════════════════════════════════════════════╗
│     A          B          C     D              E          F    G   ║
│ 14 Gegenwartswert unterschiedlicher regelmäßiger künftiger Erträge ║
│ 15                                                                  ║
│ 16  Erträge              1.000,00 DM  2.000,00 DM  2.000,00 DM      ║
│ 17                       1.000,00 DM    500,00 DM                   ║
│ 18                                                                  ║
│ 19  Zinssatz                  7,0                                   ║
│ 20                                                                  ║
│ 21  Kapitalwert         5.813,78 DM                                 ║
│ 22                                                                  ║
└════════════════════════════════════════════════════════════════════╝
```

Bild 6.5.E Unterschiedliche Raten

Die Funktion §npv

     Syntax: §npv(Kalkulationszinsfuß, Zahlung)
     Beispiel: §npv(D19/100,D16:F17)

Die Funktion §npv gibt den Kapitalwert von Zahlungen an. Im Gegensatz zur Funktion §pv müssen die regelmäßigen Zahlungen nicht immer in gleicher Höhe erfolgen.

Interner Zinsfuß von Investitionen
Programm 82: INTERN

```
┌[INTERN]══════════════════════════════════════════════════════════╗
│     A          B          C     D              E          F    G   ║
│ 1 I n t e r n e r   Z i n s f u ß  von Investitionen              ║
│ 2                                                                  ║
│ 3  Rückzahlungen        1.000,00 DM  2.000,00 DM  2.000,00 DM      ║
│ 4                       1.000,00 DM    500,00 DM                   ║
│ 5                                                                  ║
│ 6  Schätzzinssatz             7,0                                  ║
│ 7                                                                  ║
│ 8  Geldeinsatz          5.200,00 DM                               ║
│ 9                                                                  ║
│ 10 Interner Zinsfuß           8,8                                  ║
│ 11                                                                 ║
└════════════════════════════════════════════════════════════════════╝
```

Bild 6.5.F Interner Zinsfuß einer Investition

Die Funktion §irr

> *Syntax:*   §irr(Schätzzinssatz, Zahlung)
> *Beispiel:*   §irr(D29 / 100,-D31,D26:F27) * 100

Die Funktion §irr berechnet den internen Zinsfuß zu einer Reihe von Zahlungen. Der Schätzzinssatz stellt den angenommenen Wert für die Kapitalverzinsung dar, der zwischen 0 und 100 % liegt.

Die Berechnung wird iterativ durchgeführt. Ist nach 20 Iterationen keine Genauigkeit auf 8 Dezimalstellen erreicht, so erscheint die Meldung #TBD. Vor einer erneuten Berechnung muß der Schätzzins geändert werden.

Im Beispiel erbringt der Geldeinsatz gemäß Zelle D31 die jährlichen Kapitalrückflüsse gemäß Bereich B26:F27. Dabei werden die Elemente dieses Bereichs Zeile nach Zeile von links nach rechts bearbeitet.

Die Funktion §mirr

> *Syntax:*   §mirr(Schätzzinssatz, Habenzinssatz, Zahlung)
> *Beispiel:*   §mirr(D29/100,0.06,-D31,D26:F27)*100

Im Gegensatz zur Funktion §irr ermittelt die Funktion §mirr eine realistischere interne Verzinsung. §mirr arbeitet zusätzlich mit einem Habenzinssatz.